我的醫美保養筆記（三）

除皺治療
肉毒桿菌

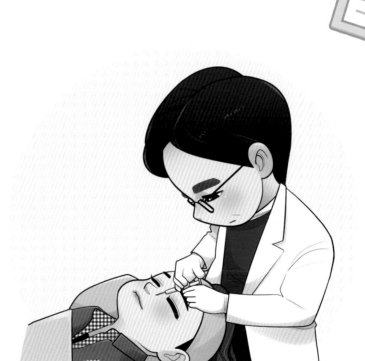

作者×**魏銘政**醫師　**楊年瑛**藥師

審定×**張健淵**院長

【自序】
快速進入醫美保養殿堂

經過十多年【神經外科】及【重症醫學】的洗禮，由於連年的不停操勞、一年365日值班、半夜急診刀、中國醫學碩士、逢甲材料博士、中山醫學博士研讀，每日戰戰競競，奮力向上。原本想在辛勞奉獻的《腦血管內治療》領域中，進行研究發展，但被高層阻擾，無法繼續付出（需要高價設備，中區只有台中榮總及員基醫院有外科開刀房內設備）。這時也突然發生腦幹疾患，造成雙眼對焦異常，雖然已全然恢復，卻也被苦勞的基基醫院以不續約為由辭退（成也我師、敗也我師），加上台灣健保制度的限制及少數病患、家屬對醫師的不尊重和健保吃到飽式的濫用，漸漸地有了需要規律休息、養身的需求。

配合著簡化、規律化臨床腦脊椎重症治療，轉換至可以安排規律休息的**常規脊椎手術**之醫院業務，以及另外轉移重心至診所從事神經外科**微創疼痛治療**及**醫美微整**業務。

一接觸，才發現這一行的亂象十足，陷阱處處。
雖然有四分之一的醫師在作醫學美容（你沒看錯，台灣有四分之一的醫師專職或兼職從事醫學美容），但是醫師們只專注在自身專科的精進，沒有辦法放全心在醫學美容這一塊，只是當成健保業務之外的**業外補助收入**，不斷以商業角度進行**自費**業務推廣、銷售，以增加業績收入為主軸，而非以正統醫學研究方式來做臨床研究精進。

想當然爾，只花少數時間在深入了解、盡心研究，且大多僅僅是聽一聽廠商、業務代表解說及參與相關醫學會議、演講，就直接憑著自身醫學素養的理解而大膽操作，必然的是失誤連連，糾紛不斷。

除了少部分對醫學美容有興趣的它科醫師外，只有大部分**整形外科**及**皮膚科專科醫師**可以比較專注在本科皮膚保養及醫美微整治療的精進、教學、研究及推廣。

但被被詬病的是，**整形外科醫師**不懂皮膚生理、病理及保養，**皮膚科醫師**不懂臉部深部組織結構及手術，就連這些最接近醫美專科的醫師都是如此，**其他科醫師**更是一知半解、囫圇吞棗、人云亦云、便宜行事。至於美容師、醫美諮詢師……嗯，各有專精、天花亂墜、胡亂畫大餅。

聽從美容師、醫美諮詢師建議而進行醫美微整，
這個問題的根源其實是出在消費者本身。

醫師都可能因為未深入了解而造成失誤，寄望業績掛帥、薪資祈望的美容師及醫美諮詢師，更是自找苦吃、傷身耗財。

醫師之間也不斷有，「不懂解剖，不配談醫美」、「醫美診所不告訴你的美肌真相」，這樣的醫師相互攻擊，可見文人相輕自古至今皆然。醫師本身就是一盤散沙，各自獨立、各自相輕、各自發展、各自相害。

因為醫美是自費行業，同時反而吸引一堆**逐利商人**介入，憑藉龐大財力基礎而大舉購入高價儀器（2016年12月，台灣Picosure 皮秒雷射，價格千萬，就有41台，加上其他廠牌，共六家皮秒雷射Picosure、Picoway、Pico4、PicoQ（enLIGHTen）、Discovery Pico、Picocare，台灣商人財力真強），再抓住消費者貪圖便宜心理，強推課程票券、壓榨醫療人員，利用非醫師人員大力推銷不適當的課程，天花亂墜、空口白話、憑空畫大餅，再加上主管單位的被動作為、冷眼旁觀、得過且過，亂象、陷阱就此產生。

在進行資料整理時也發現，臨床資料紊亂、資訊模擬兩可，除了百家爭鳴、互相攻擊外，也沒有一系列的課程可以讓初學者踏著扎實的步伐學習精進。網路資料都是在吹噓追捧個人及神話療效，造神賺錢，無法平心評論療效、療程及效果。

而待在連鎖醫美集團，更淪為賺錢商人的工具人，只在末端操作雷射、微整等儀器、技術，而無法參與病症診斷、療程規劃及治療建議，基本上就只是高級操作員而已。

商人要的只是那張醫師牌，利用來掛牌及出事後有人可以承擔責任，投資者只要抽離，另起爐灶即可持續獲利，可憐的還是涉世未深的醫師，被當成羊頭，高高掛在城牆上。

在臨床經驗累積上，尤其是需要耗費時間的。長期的錯誤嘗試及規律的進修研討，才可能有些許基本的正確觀念。但是嘗試都是操作在病患臉上，展現於外，十分顯著，一個不小心、不注意、不在意，使用錯誤劑量或方式，就容易造成極大的損害。

為了減少嘗試錯誤所帶來的糾紛及悔恨，尋遍市面上的參考書籍，皆無法滿足初學者的需求，或者片段文獻、或者執意偏頗、或者忿忿不平。於是興起了整理資料成書的念頭，讓有興趣從事醫學美容微整的醫師及護理美容相關人員，可以藉此資料的整理，有更邏輯性的思考模式。可以循序理解、建立正確觀念，**快速一探醫學美容保養／微整的殿堂**。

我進入醫學美容、微整型這一領域，首先要感謝大容診所的**張健淵醫師**。跟他的相識也是個奇蹟緣分，嚴格照理來說，我們是經由FB臉友（**楊清淳醫師**）介紹認識，至大容診所從事雷射光療及醫美微整學習。

張醫師是我中國醫藥大學（我畢業時是中國醫藥學院）中醫系的學弟，七、八年前就以家醫科專科主治醫師之姿在外設立診所，並從事醫學美容。他是一位在醫學美容界奮力研究、累積經驗的**家醫科專科醫師**，也是通過美容外科醫學會認證的專科醫師。不時也有許多初探醫美的醫師到他的診所進修學習。他同時也在網路上，以**小沙吉醫師的部落格**（ssagy.pixnet.net/blog），陸續發表近百篇的相關教學及展示。他的文章深入而實用，並且無私地分享經驗、觀念及技術，很多醫師的醫美之路，都是看著他的文章長大的，其實早已可以整理成書，也有多個出版社相邀出書。到診所後，他也無私地分享經驗及主動教導手法技巧及秘訣，經由指導及相互研究討論，真理會越辯越符合科學邏輯，美學會越來越符合大眾需求。

他對於病患，也常常為了達到好的治療效果，不顧重金成本，只為達成醫療使命及病患需求，其它他都不在乎。在診所密布的台灣，他是個少見的臨床仁醫，默默地奉獻給病患。雖然沒有集團強力金援，診

所內也不顧重本添購許多重裝儀器設備，好幾台超跑價格的光電療機器，只要有醫療、美學上的需求，也不管貸款、營運的龐大負擔而購入，背負重大成本，自己開的車反而普普，捨不得花錢。最近甚至一次購入二台不同波長的皮秒機器，追求完美令人欽佩。

仁醫風範值得嘉賞鼓勵。

走進醫學美容微整這一事業，愛美人士最大的需求及追尋，就是要看起來精緻動人、光采奪目。從五官不夠精緻、美型，到斑點、紋路、缺陷、下垂，都會讓人崩潰。

在從前，
想要**改變面容結構**需要動刀整型，破壞後才能重建，需忍受麻醉、手術風險及極長的復原休養時間（downtime）。
想要**掩飾斑紋凹陷**，亦需要塗抹化妝、風花雪月、遮蓋缺陷、自欺欺人。

但自從微整形觀念開放普及後，這些問題都能在正確診斷、適切治療後，於短期的微創操作下就能達到令人滿意的效果。

但是醫學美容處於灰色地帶，

　　　　若歸於**醫療**，礙於**醫療醫師**不能進行廣告；

　　　　若歸於**美容**，就讓**逐利商人**可以上下其手。

眼睛雪亮的消費者，只能憑藉自己的判斷，期望得到令自己滿意的結果，事實上卻是有些悲哀，使得醫學美容事業蒙上陰影。

暗沉、斑塊、缺陷、下垂，這些都是疾病，有病就要看醫師，正確診斷後使用正確治療方式，才能得到最正面的結果。

若以逐利商人的角度，操縱醫療醫師，當作光電療、微整的末端操作員，不求精進，診斷錯誤、治療選擇錯誤、雷射錯用模式、注射位置深度方式錯誤，凡一切總以利益為主的結果，造成**光電治療**輕打、多打、錯打，**注射填充物**濫打、錯打的現象。

由於現今臨床實證醫學的精進，走向**精準醫療**。現在臉部填充物豐盈治療只要1～3ml，即可達到適切的隆鼻、提拉、豐盈、小臉、V臉……等效果，只有**回春治療**需要較全面性、大劑量（數瓶）的注射。

非醫師人員開出一次數支、數瓶、週期性課程的治療，輕則白費功夫、損傷荷包、曠日廢時，重則黯然傷身、終身無解、後悔莫及。

本系列書籍分為上、下兩集，循序漸進介紹醫美相關的皮膚生理病理、肌肉血管解剖、皮下結締組織相關及老化變化，在基本診斷正確後，再配合適當的微創醫學美容治療（微整），方能得到極大化的治療效果，而非不斷造神及淪為商人的賺錢工具。

（上集）第一、二冊以皮膚保養、雷射光電治療為主。

介紹皮膚**基本結構概念**（肌膚屏障）、

　　　　正確保養（清潔、保濕、防曬、美白、除皺）、

　　　　光電治療（美白、去斑、除皺、縮孔）。

（下集）第三、四、五冊以微整注射治療、回春綜合治療為主。

介紹**除皺治療**─上臉　（肌肉血管解剖，肉毒）、

　　　　豐盈治療─中、下臉（皮膚結締組織解剖，填充物）、

　　　　回春治療─全臉　（肉毒、填充物、埋線、電音波拉提）。

書籍提供資料皆由網路、文獻、書籍、會議、求教……統整消化而來，醫學觀念也不斷在修正、醫學儀器也不斷在改良，難免有錯誤及不足的部分。小魏醫師盡力補足基本觀念的建立、提示避免併發症的發生，卻難免仍會有謬誤及偏頗之處，還請同好及先進不吝指正，感激不盡。

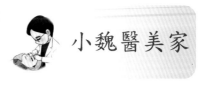

小魏醫美家

小魏醫美家 於台中南區

20180302

愛美人士的渴望

每個人都希望有精緻的五官及亮麗的氣色。

但是五官是天生的，是與生俱來的東西。在之前的觀念，一直是「**身體髮膚受之父母，不可損傷之**」。這樣的觀念，在過去，或許是執著於對父母的尊重及不可傷害自己的身體。所以出現了經由化妝、掩飾的方式，暫時掩蓋缺陷來完成人際關係及契約約定，但是一旦卸妝後，反而產生了許多人際問題、家庭問題、社會問題。

隨著時代的演進，對於這種不可改變容貌的觀念，逐漸的藉由美容醫學的進步、自信心的建立、人際關係的改善，慢慢的觀念被調整（30～60歲女性，有2% 接受美容手術。女性有21% 可以接受顏面注射整形，這比例在近年來快速上升中）。

這中間並沒有什麼「欺師背祖」、「離經叛道」的問題，大家逐漸接受

藉由雷射除斑縮孔、淨膚美白保養、光電緊緻拉提，

藉由注射肉毒除皺小形、注射填充豐盈提拉，

讓自己五官更精緻、更完美，讓自己生活更翩翩風采、更順意自在。

一旦臉上充滿光彩，遇到生活上、經濟上、心理上、生理上的挫折，也能沉穩的迎刃而解、順水推舟，困難似乎也不那麼困難了。

中國導演馮小剛近日（2016年11月）在朋友圈發布的一則招募演員訊息引發關心、注目。

「馮小剛即將於明年1月開拍的新片《芳華》招募女主角，明確表示，要求具備專業演唱水準，女性，20至25歲，要「相貌出眾」，但「整過容的免談」、「流行歌手免談」。」兩個「免談」，這個選角標準第一時間在網路上流傳開來。

不喜歡整容明星，也可能是傳統思維使然，保持自然的原貌最好。

但是在大陸的演藝圈，哪個女藝人沒在臉上動過手腳，排除動刀整容外，多多少少都有為了更迷人的面貌而修修補補。

加上台灣健保制度及醫院的壓榨、少數求醫病人家屬的無理不友善，讓台灣最聰明的醫生族群（年輕學子及家長的第一志願，歷久不衰），自動轉向到自費市場的醫學美容，加速了醫美在台灣的生根發展及進步。

百家爭鳴的結果，讓醫美原本的所費不恣、高高在上的消費，變成平易近人、平價流行。

加上網路普及和通訊軟體的推波助燃，讓現今的問候語出現，

「妳／你整了沒？」這樣的流行語法。

微整形

是針對臉部皮膚軟組織的新陳代謝、破壞缺損及老化缺陷，經由

調整、填充、拉提、重置等方法改善，這些是以不打破傳統骨架結構為原則，而造成視覺感官上的極大進步、改善，以達到傳統須經整形手術才能達到的效果。

在快速恢復及安全性方面，更讓愛美男性／女性都趨之若鶩。

健康皮膚的問題

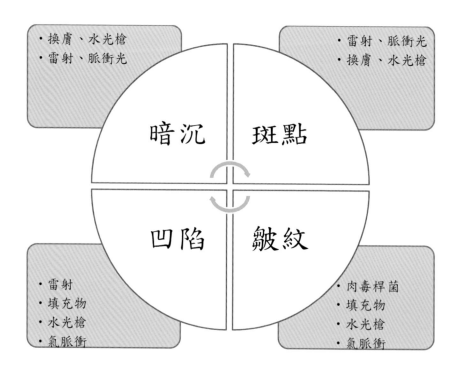

微整形的內容，包含：

1. 利用作臉、換膚、飛針、水光槍、氣脈衝、雷射、脈衝光，來達成美白、除斑、縮孔、除毛……等效果。

2. 利用飛針、水光槍、氣脈衝、注射肉毒、填充物、埋線，來達成除皺、豐盈、拉提……等效果。

3. 利用飛針、水光槍、氣脈衝、注射肉毒、填充物、埋線、電波、音波、超音波，來達成回春……等效果。

第一部分：上集（第一、二冊）

皮膚生理（基本觀念、皮膚問題診斷）、

皮膚保養（清潔、保濕、防曬、美白）、

美白治療（換膚導入、雷射、脈衝光）、

除斑治療（斑塊形成、雷射、脈衝光）、

縮孔治療（微針、水光槍、氣脈衝、雷射）。

第二部分：下集（第三、四、五冊）：

除皺治療 — 上臉（臉部肌肉血管解剖，肉毒）、

豐盈治療 — 中、下臉（皮膚結締組織解剖，填充物）、

回春治療 — 全臉（填充物、電音波拉提）。

整形醫師的經驗分享

所有醫生，即使是最有名望、最受尊敬的醫生，都會遇到不滿或難纏的患者，讓我們來讀讀美國整形醫生的經驗分享：

術前

1. 稍微降低患者期望。

    如：「雷射、換膚不能消除所有皺紋，你可能還需要注射填充劑。」

2. 交談時盡量多使用數字、百分比等。

    如：「20％的患者在這類手術後可能需要調整治療。」

3. 強調復原需要時間。

4. 對於那些浪費你時間的患者，要小心。

    告訴她：「抱歉，我們無法滿足您的期望。」你可以將這類難纏患者轉介給其他醫生（為此，之後應向該醫生致歉）。

5. 如果患者表現不安或難纏，應引導她放棄接受手術。

    在難纏患者身上賺到的錢與花費的時間不相稱。

術後

1. 永遠不要否定患者的回饋。

    （即使你根本沒看見她們回饋的症狀）

2. 提醒患者，復原可能需要花費6個月甚至一年。

3. 採取……

    如果患者不能接受術後疤痕，應注射小量類固醇或預約在4－6個月後進行處理（實際上，大多數患者到那時反而不再要求處理了）。

4. **增加探視頻率，以示關心。**

常給她們打電話，平靜而輕柔地觸摸患者的手臂或膝部。最糟糕的處理方式是，將患者打發走，一個月都不予理會，希望患者自己冷靜下來。即使這對你造成很大壓力，也應確保患者的隨訪頻率。

5. **一位滿意的患者會告訴二位朋友，而一位不滿的患者則會通過網路告訴所有人！**

網絡上的言論雖然可能有道德問題或並不準確，但確實存在。如果一位不滿患者在網上發表了一則負面評論，你可聯繫並引導四位滿意患者發表正面評論，以減弱負面評論的影響。

6. **考慮免費（或收取少量費用）給患者做調整治療。**

但對於注射肉毒毒素等調整治療，不可免費，以免患者每次都要求免費注射，從而破壞「行規」。

7. **與同事保持積極互動關系，必要時可邀請同事會診，**

聽取多方面處理建議。

從別處轉來的不滿患者

1. **永遠不要說其他醫生的壞話。**

自信、不說同事／同行壞話的醫生，往往最受患者尊敬。

對同事／同行的負面評價，最後通常會反過來傷害自己。

2. **從其他機構轉來的不滿患者，可能對任何醫生都不會滿意，包括你（即使你已經明顯改善她們的症狀）。**

必要時，你可將這類患者轉介回其初次手術醫生。

3. **友好致電患者的初次手術醫生，說明你已接診過這位患者，並對其初次手術表示支持。**

這樣的電話溝通，可能為你建立新的患者轉介渠道。

4. **永遠不要給患者退款。**

大多數律師認為，患者會將退款視為「認罪」，並以此作為向更多人抱怨的借口。

目錄

第二部分

PART **2**
第二部分

【壹】
除皺治療（上臉）

除皺治療主要是由於——

表皮鬆弛折痕，造成**靜態紋路** 或

皮下肌肉拉扯，造成**動態紋路**。

臨床上——

動態紋路主要藉由**肉毒桿菌素麻痺肌肉**，達成消除皺紋目的。

靜態紋路主要藉由**皮膚填充物豐盈組織**，達成消除皺紋目的。

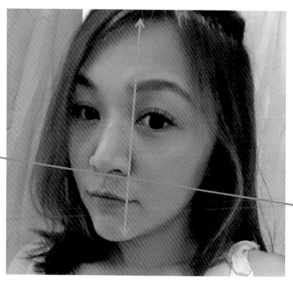

一般的大原則：

肉毒 是打在鼻耳交線以上，消除**動態紋路**為主。

填充物是打在鼻耳交線以下，消除**靜態紋路**為主。

大原則之外，當然有例外。

肉毒（BoNT）

可以處理**動態紋路**，以抬頭紋（forehead / worry wrinkle）、皺眉紋（glabellar / frown wrinkle）、鼻背紋（bunny wrinkle）、魚尾紋（crow's feet wrinkle）、下頦紋路（chin wrikle）為主。

另外可以處理垂眉（eyebrow ptosis）、垂瞼（eyelid ptosis）、鼻尖下拉、上牙齦暴露、小臉（V臉）……等等。

填充物（Fillers）

可以處理**靜態紋路**，以淚溝（tear through）、眼袋（eyelid bulging）、髮令紋（nasolabial fold）、木偶紋（marionette fold）為主。

另外可以處理豐額、夫妻宮（顳凹）、蘋果肌（顴突）、臉頰凹陷……等等豐盈治療。

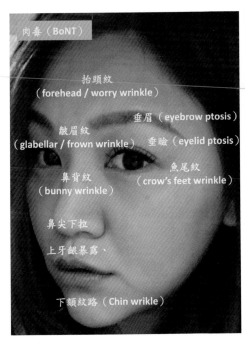

肉毒（BoNT）

抬頭紋
（forehead / worry wrinkle）

垂眉（eyebrow ptosis）

皺眉紋
（glabellar / frown wrinkle）

垂瞼（eyelid ptosis）

魚尾紋
（crow's feet wrinkle）

鼻背紋
（bunny wrinkle）

鼻尖下拉

上牙齦暴露、

下頦紋路（Chin wrikle）

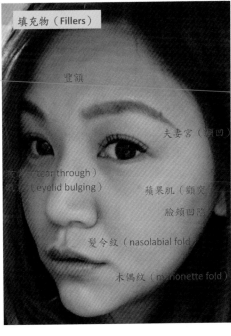

填充物（Fillers）

豐額

夫妻宮（顳凹）

（tear through）
（eyelid bulging）

蘋果肌（顴突）

臉頰凹陷

髮令紋（nasolabial fold）

木偶紋（marionette fold）

面部血管神經

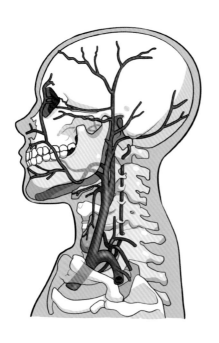 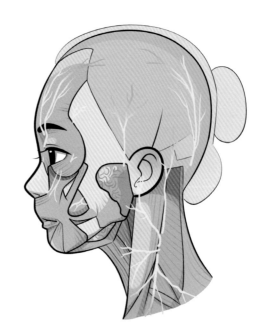

在進入第二部分之前，需要開始有一些**皮膚**下組織的解剖觀念。

需要先複習一下面部的**血管**、**神經**，才能避免在做侵犯性治療（注射）時，不小心傷到神經、血管，造成不可恢復的傷害（血管栓塞、神經損傷）。

一、面部動脈血管

面部的動脈血管由外頸動脈（common carotid artery）的分支支配，可以分成7～8分支，分支如下：

註：←→表示相互連接吻合。

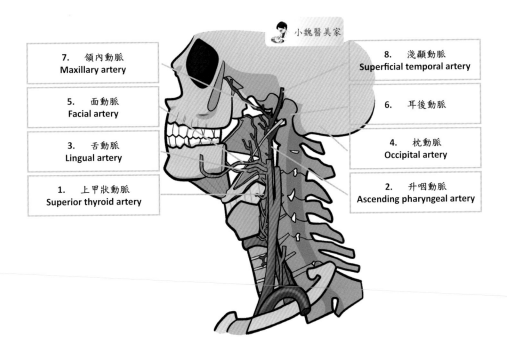

小魏醫美家

7. 頜內動脈 Maxillary artery	8. 淺顳動脈 Superficial temporal artery
5. 面動脈 Facial artery	6. 耳後動脈
3. 舌動脈 Lingual artery	4. 枕動脈 Occipital artery
1. 上甲狀動脈 Superior thyroid artery	2. 升咽動脈 Ascending pharyngeal artery

（一）上甲狀動脈　　Superior Thyroid Artery

（二）升咽動脈　　　Ascending Pharyngeal Artery

（三）舌動脈　　　　Lingual Artery

（四）枕動脈　　　　Occipital Artery

（五）面動脈　　　　Facial Artery

（六）耳後動脈　　　Posterior Auricle Artery

（七）頜內動脈　　　Maxillary Artery

（八）淺顳動脈　　　Superficial Temporal Artery

（一）上甲狀動脈（Superior Thyroid Artery）

1. 舌骨下動脈　Infrahyoid branch　　　　←→　面動脈，頦下動脈
2. 上喉動脈　　Superior laryngeal artery　←→　環甲動脈
3. 環甲動脈　　Circothyroid artery　　　　←→　上喉動脈
4. 腺支　　　　Glandular branches
5. 胸鎖乳突支　Sternocleidomastoid branch ←→　向上：耳後動脈，枕動脈肌支
　　　　　　　　　　　　　　　　　　　　　　　向下：甲狀頸幹的上肩胛動脈

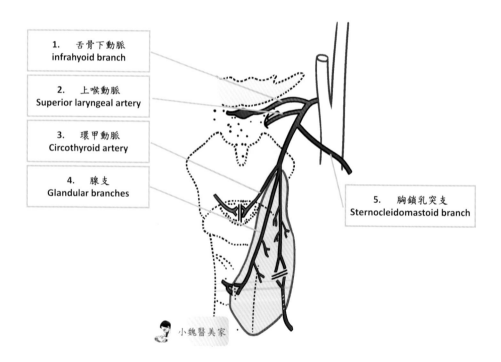

1. 舌骨下動脈
infrahyoid branch

2. 上喉動脈
Superior laryngeal artery

3. 環甲動脈
Circothyroid artery

4. 腺支
Glandular branches

5. 胸鎖乳突支
Sternocleidomastoid branch

小魏醫美家

（二）升咽動脈（Ascending Pharyngeal Artery）

1. 上咽動脈　　　　　Pharyngeal branches
2. 中咽動脈
3. 下咽動脈
4. 下鼓膜動脈　　　　Inferior tympanic artery　←→ 供中耳，CN8、CN9
5. 神經腦膜幹（後腦膜動脈）Posterior meningeal artery

（三）舌動脈（Lingual Artery）

1. 舌深動脈　　Deep lingual artery
2. 舌背動脈　　Dorsal lingual artery
3. 舌下動脈　　Sublingual artery
4. 舌骨上動脈　Suprahyoid artery

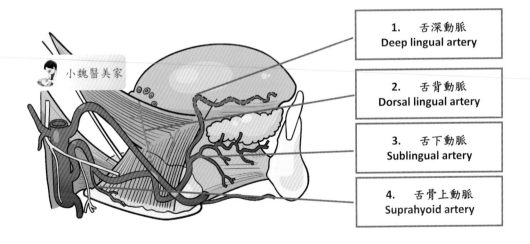

1.　舌深動脈 **Deep lingual artery**	
2.　舌背動脈 **Dorsal lingual artery**	
3.　舌下動脈 **Sublingual artery**	
4.　舌骨上動脈 **Suprahyoid artery**	

小魏醫美家

（四）面動脈（Facial Artery）

1. 升顎動脈　　Ascending palatine artery
2. 扁桃體動脈　Tonsillar artery
3. 下咬肌動脈
4. 顴骨幹
5. 頦中動脈
6. 頦下動脈　　Submental artery
7. 下唇動脈　　Inferior labial artery
8. 顴中動脈
9. 顴前動脈
10. 上唇動脈　 Superior labila artery
11. 鼻翼動脈　 lateral nasal artery
12. 角動脈　　 Angular artery

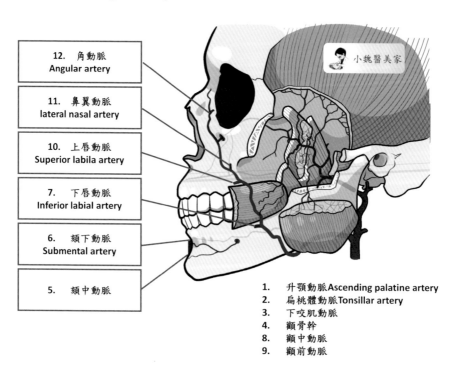

12. 角動脈
Angular artery

11. 鼻翼動脈
lateral nasal artery

10. 上唇動脈
Superior labila artery

7. 下唇動脈
Inferior labial artery

6. 頦下動脈
Submental artery

5. 頦中動脈

小魏醫美家

1. 升顎動脈 Ascending palatine artery
2. 扁桃體動脈 Tonsillar artery
3. 下咬肌動脈
4. 顴骨幹
8. 顴中動脈
9. 顴前動脈

一般來說，**面動脈**在下頷角前3公分，它的脈動容易感覺到。很多血管分支如下：面動脈，下唇動脈，上唇動脈，角動脈。

我們可以看到**面靜脈**橫向走行，比面動脈及其分支（下唇動脈和上唇動脈）**更深**。（Pessa JE 2012）

面動脈走行的**四個重要定位**（Landmark）

    1. 下頷緣、咀嚼肌前緣交界

    2. 嘴角旁1.2 cm（Pinar YA 2005, Lohn JW 2011, Lee SH 2015）

    3. 鼻翼旁3.2 mm（Nakajima H 2002, Yang HM 2014）

    4. 眼角內緣

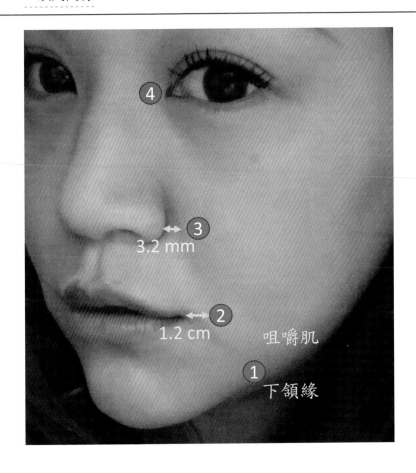

（五）枕動脈（Occipital Artery）

1. 胸鎖乳突支　Sternocleidomastoid branches
2. 乳突支　　　Mastoid branch
3. 下降支　　　Descending branch--Trapezius muscle（斜方肌）　←→椎動脈、頸深動脈
4. 外側腦膜支　Meningeal branch　　　　　　　　　　　　　←→中腦膜動脈
5. 枕支　　　　Occipital branch

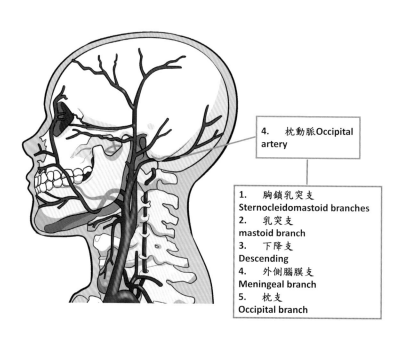

4.　枕動脈Occipital artery

1.　胸鎖乳突支
Sternocleidomastoid branches
2.　乳突支
mastoid branch
3.　下降支
Descending
4.　外側腦膜支
Meningeal branch
5.　枕支
Occipital branch

（六）耳後動脈（Posterior Auricle Artery）

1. 莖乳突支　　Stylomastoid artery　　　　　　　　　→供中耳，CN7

（七）頜內動脈（Maxillary Artery）

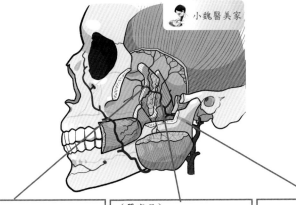

小魏醫美家

| （頸翼段）
10. 眶下動脈
Infraorbital artery
11. 翼鞘動脈
Pterygo-vaginal artery
12. 翼管動脈
Vidian artery
13. 圓孔動脈
Greater（descending）palatine artery
14. 降頸動脈
15. 蝶頸動脈
Sphenopalatine artery | （翼突段）
6. 中深顳動脈
Middle deep temporal artery
7. 前深顳動脈
Anterior deep temporal artery
8. 頰肌動脈
Buccal artery
9. 咬肌動脈
Masseteric artery | （頜內段）
1. 深耳動脈
Deep auricular artery
2. 前鼓膜動脈
Anterior tympanic artery
3. 中腦膜動脈
Middle meningeal artery
4. 副腦膜動脈
Accessory meningeal artery
5. 下齒槽動脈
Inferior alveolar artery |

（頜內段）

1.深耳動脈　　Deep auricular artery

2.前鼓膜動脈　Anterior tympanic artery

3.中腦膜動脈　Middle meningeal artery

4.副腦膜動脈　Accessory meningeal artery

5.下齒槽動脈　Inferior alveolar artery

（翼突段）

1.中深顳動脈　Middle deep temporal artery

2.前深顳動脈　Anterior deep temporal artery

3.頰肌動脈　　Buccal artery

4.咬肌動脈　　Masseteric artery

←→面動脈，下咬肌動脈

淺顳動脈，面橫動脈　35

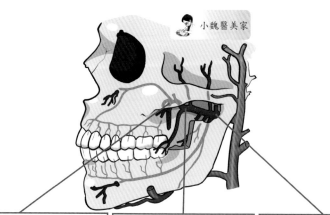

小魏醫美家

（顎翼段）	（翼突段）	（頜內段）
10. 眶下動脈 Infraorbital artery 11. 翼鞘動脈 Pterygo-vaginal artery 12. 翼管動脈 Vidian artery 13. 圓孔動脈 Greater（descending）palatine artery 14. 降顎動脈 15. 蝶顎動脈 Sphenopalatine artery	6. 中深顳動脈 Middle deep temporal artery 7. 前深顳動脈 Anterior deep temporal artery 8. 頰肌動脈 Buccal artery 9. 咬肌動脈 Masseteric artery	1. 深耳動脈 Deep auricular artery 2. 前鼓膜動脈 Anterior tympanic artery 3. 中腦膜動脈 Middle meningeal artery 4. 副腦膜動脈 Accessory meningeal artery 5. 下齒槽動脈 Inferior alveolar artery

（顎翼段）

1.眶下動脈　　Infraorbital artery

中上牙槽、前上牙槽、眶、眼瞼、鼻眶，顳分支

2.翼鞘動脈　　Pterygo-vaginal artery　　　　　←→ 副腦膜、升咽動脈

3.翼管動脈　　Vidian artery　　　　　　　　　←→ C2，內頸動脈岩骨段

4.圓孔動脈　　　　　　　　　　　　　　　　　←→ C3，內頸動脈下外側段

5.降顎動脈　　Greater（descending）palatine artery

6.蝶顎動脈　　Sphenopalatine artery　　　　　　→ 鼻腔主要血流

（八）淺顳動脈（Superficial Temporal Artery）

1.面橫動脈　　　　　　　　Transverse facial artery

（1）腮支

（2）上咬肌支　　　　　　　　　　　　　←→面動脈，下咬肌動脈

（3）頰支　　　　　　　　　　　　　　　←→面動脈，頰幹動脈

（4）顴骨支

2.顴眶動脈　　　　　　　　Zygomatico-orbital artery

3.耳前動脈　　　　　　　　Anterior auricular branches

4.顳中動脈（後深顳動脈）　Middle temporal artery

5.額支　　　　　　　　　　Frontal branch

6.頂支　　　　　　　　　　Parietal branch

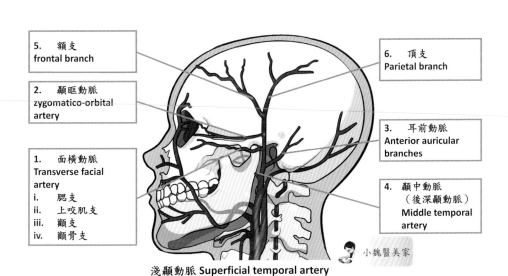

淺顳動脈 Superficial temporal artery

二、內、外頸動脈吻合（EC-IC Anastomosis）

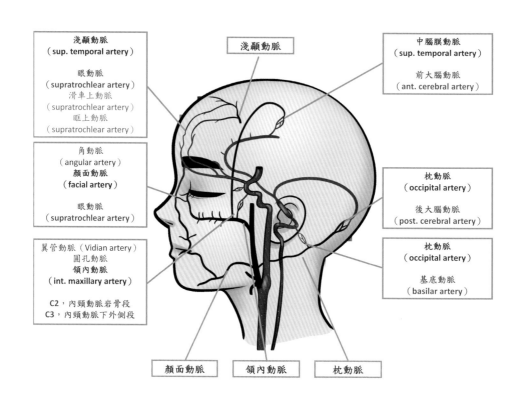

淺顳動脈
（sup. temporal artery）

眼動脈
（supratrochlear artery）
滑車上動脈
（supratrochlear artery）
眶上動脈
（supratrochlear artery）

角動脈
（angular artery）
顏面動脈
（facial artery）

眼動脈
（supratrochlear artery）

翼管動脈（Vidian artery）
圓孔動脈
領內動脈
（int. maxillary artery）

C2，內頸動脈岩骨段
C3，內頸動脈下外側段

淺顳動脈

中腦膜動脈
（sup. temporal artery）

前大腦動脈
（ant. cerebral artery）

枕動脈
（occipital artery）

後大腦動脈
（post. cerebral artery）

枕動脈
（occipital artery）

基底動脈
（basilar artery）

顏面動脈　　領內動脈　　枕動脈

內、外頸動脈吻合的重要性，在於顏面外注射時，不知何種原因造成頸內動脈的阻塞。

例如眉間隆鼻注射時，造成單眼失明。可能是直接注射至血管內、注射推力過大造成逆流、血管痙攣……等等因素，確切的原因仍然不明，但推測與內、外頸動脈吻合相關。

所以注射時，除避開重要血管神經外，**每次注射皆須回抽**，作為標準動作，確定沒有回血、沒有打入血管內，並且**注射時推力不可過大**、**速度不可過快**，需注射至確切位置，才能達到最大效益並且避免副作用。

2018年02月27日　中時電子報報導（http://www.chinatimes.com/realtimenews/20180227003546-260402）
北市23歲張姓女大生，3年前到某醫美診所注射玻尿酸隆鼻，但事後她中央視網膜動脈阻塞，導致視網膜缺氧，造成右眼失明，另因血管阻塞造成臉部紅腫、皮膚沿著鼻頭至人中潰爛，她控告執刀的廖姓醫師涉業務過失傷害，但台北地檢署認定醫審會鑑定，認為廖姓醫師在執行手術前，患者有簽署**手術同意書**，依照**標準流程進行**，符合醫療常規，在注射玻尿酸前，也有**回抽**確認並無回血。檢方認為，廖手術過程無疏失，給予**不起訴處分**。

（一）相關新聞集錦

（澳洲）澳洲整形外科醫生學會：**注射玻尿酸可致失明**
【大紀元2017年07月19日訊】摘錄

看著很多明星「凍齡」的美貌，你是不是很羨慕，蠢蠢欲動想去打玻尿酸？澳洲頂尖的整形外科醫生警告說，注射填充物（Filler）會帶來嚴重的併發症，有造成失明和肌肉組織壞死的風險。

澳洲整形外科醫生學會（ASPS）會長阿什頓（Mark Ashton）說：「隨著玻尿酸（Hyaluronic Acid Filler）的廣泛使用，人們對其風險的警惕性也下降了。」

「我們想要向顧客說明，注射填充物不是一件小事，會帶來嚴重的併發症。根據一項2015年的調查，已經有超過100個（注射填充物）導致失明的案例，這還很可能是保守的估算。」

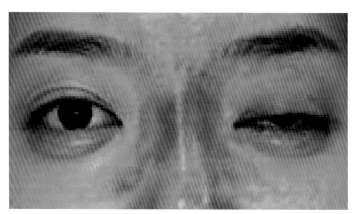

韓國一位女性在接受美容注射後一隻眼失明。（網路圖片）

眾所周知，韓國擁有全球最高的人均整形／整容手術量。近日，來自首爾大學（Seoul National University）的一份報告探討了9個在注射填充物後喪失視力的案例。

報告說：「這9位患者都是女性，年齡在26至45歲之間。在所有的案例中，醫生都為她們注射了玻尿酸。這些醫生包括經過認證的整形外科醫生和皮膚科醫生。」
「注射填充物造成血管阻塞（血塊）的病人恢復視力的案例非常少，在初次受傷後還沒有完全恢復視力的案例。」

阿什頓博士說，在臉部的任何位置注射填充物都可能造成失明，而不僅僅是在脆弱的眼部。即使是唇部注射，都能導致視力喪失。

他說：「如果醫生粗心大意，將填充物注射到臉上任何部位的動脈中，那麼填充物會沿著動脈一直流到眼角，最終進入視網膜。」
「填充物造成的失明會瞬間發生，並且是永久性的，可能會影響一隻眼睛或兩隻眼睛。到目前還沒有成功治癒這類失明的案例。」
除了失明，向臉部動脈中注入填充物，還能導致軟組織損傷，「殺死」臉部的一些部位。
「如果填充物進入臉部動脈，可能會損傷肌肉組織和鼻子的軟骨。我們見到有些人的鼻子變黑並脫落的照片。一些人的額頭、臉頰和嘴唇全壞死了。」

澳洲整形外科醫生學會建議，如果人們想接受注射，要先做好研究，選擇在人體血管系統方面知識廣泛的合格醫師。#

（台灣）美容診所無照醫打玻尿酸 竟害人右眼瞎

【中時2017年09月01日 16：17】

禾風時尚診所台中店連姓執行長及李姓醫事經理，都沒有醫師資格，竟各為多名女客做美容醫療，李男幫陳姓女客打玻尿酸，還不慎導致她右眼失明。台中地院依違反醫師法等罪，判處連男徒刑1年2月、向國庫支付10萬元及義務勞務；李2年、給付陳女損害賠償及義務勞務。兩人均獲緩刑。

判決書指出，49歲的連男及41歲的李男兩人都未取得合法醫師資格，竟於102年至103年間在中市營業處多次為多名女客戶美容醫療行為。

李男除了在診所從事醫療行為，甚至還提供到府服務，在102年至103年間各以1萬6千元的代價，2度私下到陳姓女子租住處，在她鼻部施打微晶瓷、另1次幫陳女及她的黃姓友人在臉部施打玻尿酸等醫療行為。

103年7月間，李男再與陳女約定以1萬2千元代價，在她的臉部及鼻部施打玻尿酸及肉毒桿菌，他在打玻尿酸時，不慎打入血管導致陳女當場**右眼失明，半身麻痺**，經緊急送醫，她竟因**急性腦梗塞、右眼中心視網膜動脈栓篩**而右眼失明。

案經陳女向警方報案偵辦，台中地院審理時，連及李都坦承犯行，連與郭姓女客達成和解、並退費給客人；李也與失明的陳女以賠償300多萬元達成和解，法官審酌兩人犯後態度良好，徒刑以不執行為適當，各宣告連緩刑4年、李緩刑5年，全案仍可上訴。

（大陸）遼寧女孩注射玻尿酸整容 10秒後雙目失明

【大紀元2016年05月26日訊】

近日，**23歲的遼寧女孩小晴**（化名）經人介紹到一處民房黏睫毛，隨後接受對方的推薦，**注射了玻尿酸墊高額頭**。不料10秒鐘後，小晴的雙眼劇痛，出現失明現象。目前經過治療，小晴的眼睛有了一些光感，但醫生表示她的右眼視力難保，且需要進一步治療，以避免腦梗、顏面 軟組織壞損等一系列繼發症。

據大陸媒體報導，小晴今年23歲，未婚。據知情者表示，5月17日，小晴前往鐵嶺市一個小區做美容。「在當地黏睫毛，被無良商人坑騙，注射玻尿酸。注射10秒後眼部劇痛、暫時性失明，緊急到瀋陽就醫，隨後轉院到上海一家知名醫院，治療後無果，發現注射物有可能上行到顱內，有可能威脅生命」。

5月20日，小晴前往瀋陽某醫院進行進一步治療。據醫生介紹，患者的額頭、眉間一直到右側鼻翼等處均有大塊紅色痕跡，雙眼腫脹，右眼球壁回聲增厚，右眼眼底照像顯示被玻尿酸幾乎充滿。

醫生說，從後果來看，注射者應該是從小晴的額頭進行注射，玻尿酸進入視網膜動脈，瞬間堵塞了血管，且當時的注射力量非常大。從目前來看，打入視網膜動脈的玻尿酸將會對小晴的右眼視力產生嚴重影響，「由於玻尿酸占據視網膜動脈，導致對缺氧非常敏感的視網膜嚴重受損，目前右眼的視力多半是回不來了」。醫生還在對小晴的左眼進行治療，爭取玻尿酸不會影響左眼視力。

5月23日下午，小晴到眼科進行複查，她的眼睛已有一些光感。醫生說，幾天的打氧等治療起了效果，但小晴還要再接受一系列治療，這是為了控制如腦梗、腦血栓、心梗等繼發症。

小晴在眼科檢查視力期間，在病房外，一名家屬告訴醫生，給小晴注射的人是個「小孩兒」，「就是個人（注射），連作坊都不是，在鐵嶺市內的一個民宅裡，連藥都是假的」。

至於通過何種方式得到此人的聯絡方式，家屬稱：「聽同事介紹的，然後通過朋友圈就去了，離家挺遠」。

一位知情者說，當時這名注射的人曾經給小晴出示了一個正規玻尿酸的藥盒，盒子是正品，但玻尿酸的真假就不得而知了。

醫生表示，正規的注射用修飾透明質酸鈉凝膠費用在6000多元，而小晴僅花費了1000多元，這一價格無論如何都買不到正規的玻尿酸。

責任編輯：徐亦揚

（大陸）微整形，變成「危整形」

可憐的孩子，**16歲**，六天前在工作室注射不明品牌「**玻尿酸**」導致右眼失明，時間太久無力回天。

玻尿酸作為填充劑本身是非常好的材料，可是放在對面部神經血管解剖完全不瞭解的人手上，那就是危險品。

陪同人自述患者是其「學成歸來」後的第一個客人。
　　原學歷：大專
　　學微整形學了幾天：七天
　　知道是哪根血管堵塞了嗎：不知道啊，老師沒說啊。
　　知道她現在有多嚴重嗎：嗯，應該會很快恢復吧。

她的眼睛已經失明，而且是不可逆的。
無論對患者，還是對施術者均無力吐槽，哀其不幸，怒其不爭！
呼籲，不要讓原本美好的微整形，變成「**危整形**」，任重道遠，人人有責。

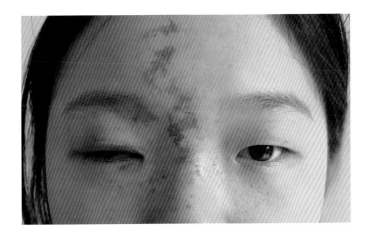

（二）微整注射後的「視覺喪失」和「中風」

面部填充劑的軟組織增生注射和**回春**治療，在過去十年中的增加值得注意。

由於快速方便，令人滿意的結果及可靠的安全性，該治療被廣泛接受和廣泛執行。

然而，仍存在有一些罕見且具毀滅性的不良反應，如**醫源性失明和中風**。

1. 早在1963年，描述了注射皮質類固醇懸浮液在頭皮上的禿點（bare spots）後，突然的視力喪失。（Von B 1963）
2. 然後，報導了注射各種物質用於斑禿（alopecia areata）和美容手術（cosmetic surgery）後的失明。（Selmanowitz VJ 1974, Shin H 1988, Teimourian B 1988）
3. 國內的相關報導，詳見專題：醫源性的眼中風（張健淵醫師 http：//ssagy. pixnet.net/blog2016）

微整注射後的**視覺喪失和中風**，已經吸引了許多外科醫生的注意。

1. 2012年，**Lazzeri**等人在面部微整注射後，產生了醫源性失明的系統性綜**述**，他回顧了**32例**患者的臨床數據，並提出了一些預防措施以避免這種併發症。（Lazzeri D 2012）
2. 相類似地，**Park**和他的同事，在韓國國家調查中分析了**44名**患者，並調查了他們的臨床表現和由手術產生的視網膜動脈閉塞的**視覺預後**。（Park SW 2012, Park KH 2014）

3. **Li X**在2015年發表了一篇論文，試著解釋和預防這種毀滅性併發症。研究旨在調查注射填充劑進入眼動脈的**可能路線**。（Li X 2015）

→他們在國家醫學圖書館的**PubMed**數據庫中，搜索了微整面部填充劑注射後的視力損失情況，並審查了相關病例報告/調查以及隨附的參考文獻。

→分析獲得的數據，包括臨床症狀和體徵，注射部位和注射的填充材料，相關檢查。總共包括**75**名患者。（Lazzeri D 2012, Park SW 2012, Lazzeri S 2013, Lu L 2013, Kim SN 2014, Park KH 2014）

4. 2015年，**Katie Beleznay**分析了**98**個病例，造成視力變化的微整面部填充劑注射。是迄今為止報告的**最大病例數表列**。

→高風險併發症的**部位**是眉間（38.8％），鼻區（25.5％），鼻唇溝（13.3％）和前額（12.2％）。

→自體脂肪（47.9％）是引起這種併發症的最常見的填充劑**類型**，其次是玻尿酸（23.5％）。

→最常見的**症狀**是立即視力喪失和疼痛。大多數視力喪失的病例沒有恢復。在23.5％的病例中發現中樞神經系統併發症。

→在這次回顧中，只有2例具有完全視力恢復。

→**沒有發現成功治療失明案例。**

（三）填充劑注射時的安全性

→鑑於恢復時間快和立刻性的效果，面部填充劑注射繼續成長。填充劑已成為手術面部微整的流行替代品。2014年在美國進行了近890萬例非手術治療，其中190萬例為填充劑注射（American Society for Aesthetic Plastic Surgery 2016）。

→雖然結果令人印象深刻，然而，他們的**併發症**可能比他們的美學結果更令人印象深刻。

1. 儘管對面部動脈系統的詳細描述研究，但解剖結構是可變性的，即使採取最佳預防措施之後的血管損傷也可能發生。

2. 同樣，實際扎針深度可能難以確定，有時是不可預測的。

3. 各式各樣的「專家」執行注射。與醫師之間不一致訓練，不同技能水平，和各種技術配合這一點，需要注意其安全性。

→後遺症可以從**輕微瘀傷**到**眼睛和中風**。

1. 最重要的是，醫生需要有能力及時識別併發症，並採取適當措施，盡量減少可能造成的破壞性結果。（Jack F. Scheuer III, David A. Sieber et al. 2017）

2. 從面部填充劑注射期間最大化安全性的一般原理，進展到特定面部區域和相關解剖結構。（Jack F. Scheuer III, David A. Sieber et al. 2017）

（四）填充劑注射時應注意事項

1.一般原則

患者應該獲得知情同意（Informed consent），並告知產品是否在適應症外（off-label）使用。

即使填充劑注射可以是方便的，它們的結果可以是持久的。

因此，我們建議使用**玻尿酸填充物**，因為它們可以用**玻尿酸酶逆轉**。

儘管熟悉注射，即使是最有經驗的醫生也可能有不良事件和不良的美學結果。

（1）**使用可逆性填料（即玻尿酸填料）。**

（2）**始終以低壓和小增量緩慢注入，**需要高壓的注射表示危險和／或不適當的位置。

（3）**使用小注射器（27號或更小）（0.5至1cc）**才能更多的受控注射。

（4）**在高風險區域，使用串行穿刺技術以恆定運動進行順行和逆行注射（anterograde and retrograde），**保持針頭不斷運動。

（5）**適當時使用鈍針，鈍頭或小口徑針（Blunt or small-bore needles）**幫助留在所需的平面。

（6）**使用腎上腺素與填充物注射**刺激血管收縮，有效減少血管和瘀傷的大小。

（7）**在以前創傷過的區域／疤痕區域注射時要非常小心。**因為組織平面可能被破壞並且解剖結構可能會改變。

（8）**在嘗試減少細紋時，考慮在高風險區域使用具有低G′的皮膚填充劑。**可以更有效地填充皺紋，而不是通過體積增強來改善褶皺。

（9）**知道面部解剖是必不可少的，**注意危險區域中概述的相關解剖學。如許多研究所證實的，面部脈管系統具有許多變化，並且可以在各種組織平面中出現，這取決於面部內的位置。

（10）**預期血管的深度和行徑**。注射者避免血管內注射，血管損傷和/或加壓的技術。

（11）有一個填充**救援工具包**隨時可用（例如，硝酸甘油軟膏，阿司匹林，透明質酸酶）

2.六個面部危險區域

與其相關解剖結構如後文所述，這些區塊，都是在大血管經過區，或有頸內、外動脈吻合區。

（分散在各章節；**最大化安全Maximizing Safety**第四冊豐盈治療，玻尿酸注射）。

（上**2**）顳區 Temple

（上**3**）眉區及上眼皮 The Brow and Upper Eyelid

（中**1**）眼下 Suborbital

（中**2**）鼻周 Nose

（下**1**）唇周　Mouth

　＊（下1-1）口角 Commissure

　＊（下1-3）上唇 Upper Lip

　＊（下1-4）下唇 lower Lip

（下**2**）鼻唇溝/法令紋 Nasolabial fold

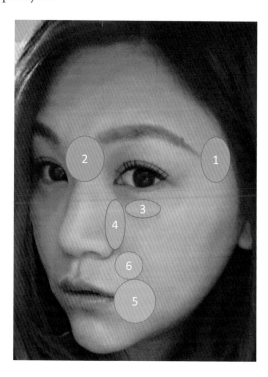

（五）造成梗塞的填充物注射

1.造成梗塞的填充物注射之種類

37名（49％）患有失明併發症的患者，是接受自體脂肪注射，據說其具有更差的視覺預後和更高的腦梗死發病率。（Park SW 2012, Park KH 2014）

其他物質包括玻尿酸（20％），膠原蛋白（7％）和早期為皮質類固醇（5％）等情況。（Li X 2015）

基本上，只要注射任何填充物，都會有類似的風險，只差在多或少的分別。目前臨床上似乎在自體脂肪填充造成這種問題的案例較多。而且不止是眼中風，甚至是腦中風都有可能。

2.造成梗塞的填充物注射之位置

各種注射部位進行不同的路徑進入眼動脈。

75位患者中的8位（11％）注射到多個區域，我們基於解剖學和症狀發作分析了最可能的致殘注射位點。

眉間，鼻背和鼻唇溝是最常見造成梗塞的注射部位，分別有34例（45％），19例（25％）和14例（19％）。（Li X 2015）

2015年的兩篇報告，結果相仿。(Katie Beleznay 2015, Li X 2015)

造成失明的注射位置（35例）（Katie Beleznay 2015）

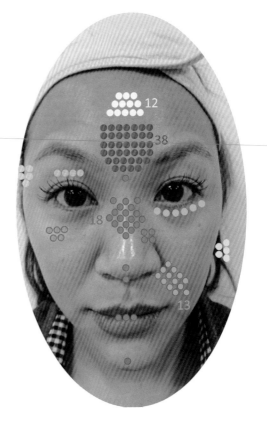

3.造成梗塞的填充物注射之症狀

75位患者中，18例（24％）被診斷患有**腦梗死**，通過核磁共振攝影或血管造影檢查證實，其中僅11例（15％）具有**神經症狀**，例如對側偏癱（hemiplegia）或無力，構音障礙（dysarthria）或失語（aphasia）。

4.造成梗塞的填充物注射之機制

解剖學

眼眶血管解剖是非常複雜的，具有很大的個體間變異。向眼眶供血的主要來源是**眼動脈**，是頸內動脈的第一分支。（Hayreh SS 2006）

眼動脈的分支被分成兩組：

（1）**眼眶組**（**orbital group**）

由淚動脈（lacrimal artery），眶上動脈（supraorbital artery），滑車上動脈（supratrochlear artery），前、後篩管動脈（anterior and posterior ethmoid artery）和鼻動脈（nasal artery）組成。

（2）**眼組**（**ocular group**）

將血液分布到眼睛的肌肉和球，並且由長睫狀動脈（long ciliary artery），**短睫狀動脈**（**short ciliary artery**），前睫狀動脈（anterior ciliary artery），**中央視網膜動脈**（**central retinal artery**）和肌肉動脈（muscular artery）組成。（Hayreh SS 2006）

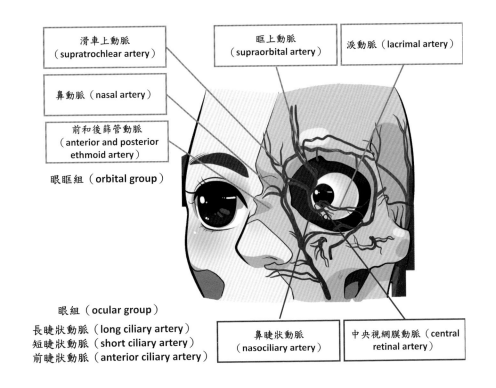

滑車上動脈
（supratrochlear artery）

鼻動脈（nasal artery）

前和後篩管動脈
（anterior and posterior
ethmoid artery）

眼眶組（orbital group）

眶上動脈
（supraorbital artery）

淚動脈（lacrimal artery）

眼組（ocular group）
長睫狀動脈（long ciliary artery）
短睫狀動脈（short ciliary artery）
前睫狀動脈（anterior ciliary artery）

鼻睫狀動脈
（nasociliary artery）

中央視網膜動脈（central
retinal artery）

視網膜通常由中央視網膜動脈和短後睫狀動脈提供。在一些情況下，約
20％的群體，存在稱為纖毛視網膜動脈的纖毛循環的分支，其提供黃斑和
視神經之間的視網膜。如果存在這種動脈，則即使在中樞性視網膜動脈阻
塞的情況下，中心視力也將被保留。（wiki 2014）

有時，眼動脈通常不從頸內動脈分支來源，而是從源自頸外動脈的中部腦
膜動脈產生。（Hayreh SS 2006）

此外，在眼動脈和頸外動脈的各種分支之間存在**各種吻合**。例如，淺顳動脈的額葉支可以與上斜上動脈或眶上動脈吻合。

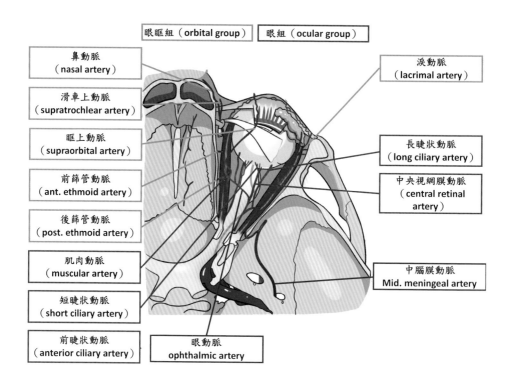

| 眼眶組（orbital group） | 眼組（ocular group） |

鼻動脈（nasal artery）

滑車上動脈（supratrochlear artery）

眶上動脈（supraorbital artery）

前篩管動脈（ant. ethmoid artery）

後篩管動脈（post. ethmoid artery）

肌肉動脈（muscular artery）

短睫狀動脈（short ciliary artery）

前睫狀動脈（anterior ciliary artery）

淚動脈（lacrimal artery）

長睫狀動脈（long ciliary artery）

中央視網膜動脈（central retinal artery）

中腦膜動脈 Mid. meningeal artery

眼動脈 ophthalmic artery

假設

許多研究人員已經提出了逆行動脈栓塞機制，產生**視網膜中央動脈**的閉塞。（Lazzeri D 2012, Park SW 2012, Park KH 2014）

我們推測了從不同注射部位到眼動脈的栓塞的可能途徑，導致醫源性視網膜動脈閉塞。

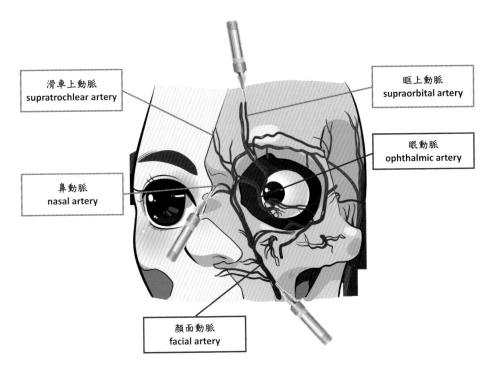

滑車上動脈
supratrochlear artery

眶上動脈
supraorbital artery

眼動脈
ophthalmic artery

鼻動脈
nasal artery

顏面動脈
facial artery

醫美微整面部填充物注射部位相關的面部和眼睛的血液供應示意圖。

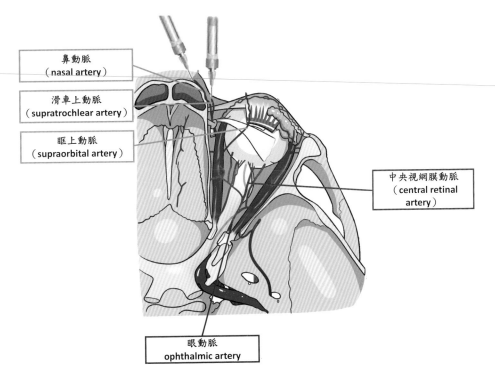

鼻動脈
（nasal artery）

滑車上動脈
（supratrochlear artery）

眶上動脈
（supraorbital artery）

中央視網膜動脈
（central retinal artery）

眼動脈
ophthalmic artery

（1）注射到**眉間**和**額頭**

當外科醫生將面部填充劑注射到眉間或前額區域中時，注射針可能意外地打破遠端動脈的動脈壁，例如**眶上動脈**或**滑車上動脈**。在這種情況下，注射力道可以克服收縮動脈壓力，它將推動填充物的微小液滴沿著眼動脈向近端行進，甚至通過**中央視網膜動脈**的原點。

當注射完成時，推力被釋放，然後動脈收縮壓將推動填充物注射的液滴進入遠端的眼動脈及其分支。 如果注射力足夠大，則液滴可以更近地到達，使得當推力減少時，其可以阻塞**中大腦動脈**。這可以解釋伴隨的腦梗死。

（2）注射入**鼻唇溝**和**鼻背**

存在有鼻區吻合，可來自**眼動脈**（ophthalmic artery）的背側鼻動脈（dorsal nasal artery），角動脈（angular artery）和來自**面動脈**（facial artery）的外側鼻動脈（lateral nasal artery）組成。注射到鼻唇溝或鼻背可能偶然地進入吻合，導致逆行栓塞。

（3）注射入**顳區**和**頭皮**區域

至於顳區，可能存在淺顳動脈（superfacial temporal artery）的額前分支（frontal branch）與眶上動脈（supraorbital artery）或滑車上動脈（supratrochlear artery）之間的一些異常吻合，並且液滴可通過它被推進到眼動脈。

即使是少量的填充物滑入眼動脈也可能導致視**網膜中央動脈**阻塞，導致永久失明。在一些情況下，眼動脈會從外頸動脈分支的中腦膜動脈分支出。（Hayreh SS 2006）

在這種情況下，填充劑微球可以通過外部頸動脈系統，從淺顳動脈的額葉分支行進到眼動脈。此外，從淺顳動脈分支的顴眶動脈（zygomatic-orbital artery）與眼動脈分支吻合，也可能是逆行動脈栓塞路徑。

幾個作者也認為**視網膜中央動脈**阻塞伴隨著**眼上靜脈**，這是很少研究的血栓形成原因。（Lee JH 1969）

在某些區域可能存在一些動靜脈吻合通道，並且可能成為填充劑回流到區域循環中的導管。

分析所獲得的數據，特別關注在注射部位和**填充材料**以及視覺喪失的**臨床特徵**。

基於面部血管的解剖，推斷注射液滴從注射部位轉移到眼動脈的可能路線。

大多數醫生認為是**逆行栓塞機制**，但注射不同部位的回流動脈並未確定。

---

a）當注射到眉間或前額區時，意外注入**眶上動脈**或**滑車上動脈**可能引起眼動脈閉塞。

b）鼻唇溝和鼻背部區域，任何注射在**鼻背動脈**，**角動脈**和**外側鼻動脈**的吻合可導致逆行栓塞。

c）在顳區，認為在來自外頸動脈的**淺顳動脈的額葉支**和來自眼動脈的**眶上動脈**之間存在異常吻合。

可以解釋在醫源性視力喪失後伴隨的腦梗死。如果注射壓力足夠強，它可能推動栓塞材料進入**中大腦動脈**。

雖然醫源性眼動脈閉塞是面部填充物注射手術後的罕見併發症，但通常是毀滅性的。

患者和外科醫生都應該意識到不可逆失明的風險。

理論上，**臨床注射部位應當避免附近的小血管，注射力和速度應當盡可能平緩和緩慢**。

預防和處理

可以參考專題：《醫源性的眼中風》

面部微整注射，聽起來像一個相對簡單和直接的方法。2013年美國整形外科統計報告顯示，與2000年相比，美容微整手術增加了144％。

此外，在過去一年（2012）中，軟組織填充劑和玻尿酸酸注射分別增加了13％和18％。因此，面部注射後的**醫源性失明**成為醫生和患者困擾的一個大問題。

在研究中，總結了75例經歷醫源性閉塞的眼動脈及其分支的面部微整注射後的臨床特徵。眉間，鼻背和鼻唇溝是最常見的注射部位，外科醫生應該更加注意附近的小血管。近年來，自體脂肪移植要求很高；然而，一旦它導致視網膜動脈阻塞，視覺預後更差。（Park SW 2012）即使是微量的填充劑滲入血管，也可能發生永久性失明。

基於假設，我們提出了一些建議，以避免在面部微整注射後的災難性併發症。

減少視網膜動脈栓塞風險的建議

1. 注意眼眶周圍血管的**解剖結構**。

2. 解剖學總是手術的基本原則。更多的重點應該集中在眼眶周圍的血管，醫生應該知道每次注射的**解剖學平面和深度**。（Carruthers JD 2014）

3. 使用**鈍針**（Blunt cannula）。

4. 大多數醫生喜歡具有**小口徑針頭**和較小注射器的鈍的插管，因為它們減慢注射的速度，並且不太可能刺穿血管。（Ozturk CN 2013, Carruthers JD 2014）其他人認為較大的注射器具有較大的橫截面積，因此理論上允許較低的注射壓力。（Lazzeri D 2012）

5. **腎上腺素**的局部麻醉劑，促進動脈收縮，從而降低面部微整注射的風險。

6. 然而，通過使用較大的注射器來精細注射面部填充劑，嚴重損害了醫生的控制能力。 在我們看來，注射力和速度，每次通過有限的注射填料體積是更重要的控制變量。另一個預防措施是使用含腎上腺素的局部麻醉劑以收縮血管的尺寸。

7. 注射前**回抽**。它可以證明針在血管內。

8. 在針回抽時注射材料，輕輕**移動**以沿著線（拉線）在不同點處遞送填料。

9. 每次注射限制填充劑體積為**小於0.1mL**。

10. 盡可能**緩慢和溫和**注入，以降低注射壓力。

11. 醫生最重要的可控因素是注射的速度和壓力。填充劑應盡可能緩慢地注射，以便沒有足夠量的填充劑被推入血管中。（Lazzeri D 2012, Ozturk CN 2013）

12. 注入**淺表肌肉鬆弛系統**（SMAS）的表層，不注入更深的層。

13. 通過**按壓**（pressing）或**推動**（pushing）或**夾緊**（pinching）來避免注入血管造成栓塞。

關鍵預防策略（Katie Beleznay 2015）

1. 了解面部血管的**位置**和**深度**以及**常見變異**。注射器應該在不同位置處理適當的注射深度和平面。
2. **緩慢**注入並以**最小壓力**注射。
3. 以**小增量注射**，使得注射到動脈中的任何填充劑，可以在下一次增加注射之前，被沖洗掉。每次注射時應注射不超過0.1 mL的注射物。
4. 注射時**移動**針尖，以免在一個位置輸送大量沉積物。
5. 注射前**回抽**。這個建議是有爭議的，因為它可能不會通過具有厚凝膠的針頭，通過針頭到達注射器。此外，面部血管的小尺寸和可折疊性限制了回抽效果。
6. 使用**小直徑針頭**，較小的需要**較慢**的注射，並且不太可能阻塞血管。
7. 較小的注射器優於較大的注射器，因為大注射器可能使控制體積和增加注射較大植入物的可能性更具挑戰性。
8. 考慮使用**鈍針**（cannula），因為它們不太可能突破血管。有些作者推薦在內側頰，通道和NLF中使用插管；
9. 注射在區域內進行過手術的患者時要特別小心；
10. 考慮將填充劑與**腎上腺素**（血管收縮）混合，讓血管收縮，不易損傷到。

關鍵處理策略（Katie Beleznay 2015）

1. 如果患者抱怨**眼部疼痛**或**視力改變**，立即停止注射。 立即與眼科醫生或眼科醫生聯繫，並立即將患者直接轉移到那裡。
2. 如果使用HA填充劑，考慮用**玻尿酸酶**治療注射區域和周圍位置。
3. 考慮**球後注射**300至600單位（2-4mL）的玻尿酸酶。
4. 應考慮降低眼內壓。 實現這一點的機制包括**眼部按摩**（ocular massage），**前房穿刺術**（anterior chamber paracentesis），IV**甘露醇**（mannitol）和**乙醯唑胺**（acetazolamide）。
   鑑於伴隨失明的CNS併發症的相對高，重要的是監測患者的**神經狀態**，如果視覺併發症發生，考慮**電腦斷層檢查**。

【專題】醫源性的眼中風（張健淵醫師）

醫學美容常用許多皮下填充物去改善皮膚或臉部的外觀，像是隆鼻（山根）、蘋果肌、法令紋……等。

然而，嚴重併發症的風險，卻是很多患者在注射之前不曾被告知的。一個雖然不常見，但很容易「上新聞」的例子就是注射後造成失明的問題，主要是源自於**視網膜動脈**的阻塞，簡單的話，就是醫源性的眼中風。

臨床上已有許多報告指出這方面的風險：

http：//www.cmj.org/ch/reader/view_abstract.aspx?volume=127&issue=8&start_page=1434

http：//www.ncbi.nlm.nih.gov/pubmed/24604287

http：//www.ncbi.nlm.nih.gov/pubmed/23825309

打山根造成失明：

http：//www.ncbi.nlm.nih.gov/pubmed/24210801

全世界都有相關的「災情」"，當然包括台灣……

新聞報導：http：//udn.com/NEWS/HEALTH/HEA1/8716151.shtml

微晶瓷隆鼻38歲女幾全盲2014.06.03 02：51 am

> 基本上，只要注射任何填充物，都會有類似的風險，只差在多或少的分別。目前臨床上似乎在**自體脂肪填充**造成這種問題的案例較多。而且不止是**眼中風**，甚至是**腦中風**都有可能。

（American Journal of Ophthalmology - Volume 154，Issue 4（October 2012）於 2012年的這篇文章針對可能的原因做出推論：Am J Ophthalmol 2012;154： 653– 662.

裡面一張說明的圖示可以看出我們常見注射位置潛藏的風險位置，例如在 做隆鼻注射在山根位置，就有可能經由滑車上動脈和眶上動脈逆流回去。 造成失明或視野缺損的患者，如果做眼底鏡，往往會發現有動脈被塞住的 現象。

雖然說發生率不高，但是總是會有少數人遇到這類的問題。目前**是否因為 技術問題造成**，也仍然**無法確認**。

總之，在進行醫學美容注射之前，應先了解相關的風險，在注射後也要對 相關的問題有所警覺，一旦不幸遇到，盡速做出處理來將傷害減到最小。

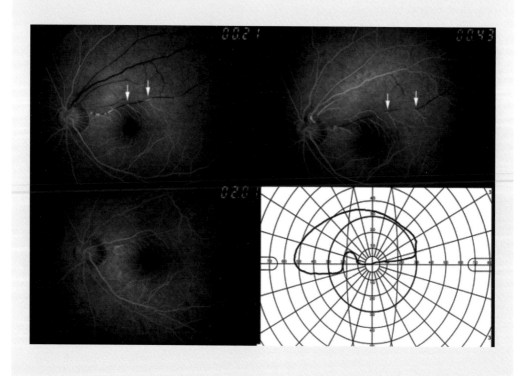

三、面部靜脈血管

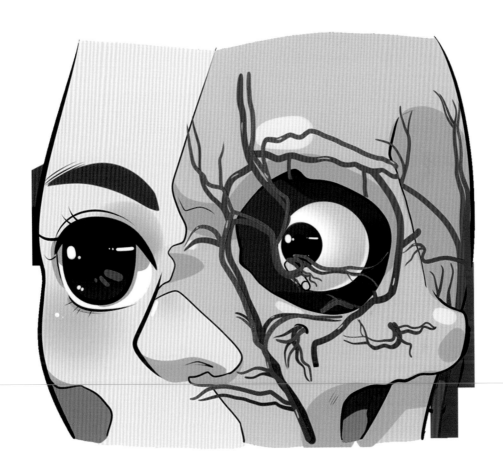

面靜脈多跟面動脈併行

四、面部神經

面神經可以分為五個分支支配

1. 顳支（孽）Temporal
2. 額支（兒）Frontal
3. 頰支（夾）Buccal
4. 頷支（含）Mandibular
5. 頸支（緊）Cervical

主要由面神經（**facial nerve**）支配，由耳前再分支分布於顏面。

另外有骨間小孔，由內向外散出的微小神經，這在作注射時，也需要注意，不要去插入小孔破壞神經，造成之後持續性麻痛感。

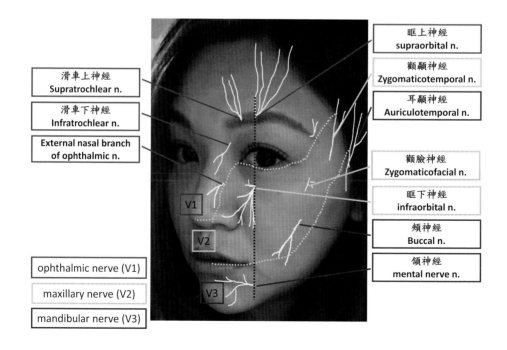

滑車上神經
Supratrochlear n.

滑車下神經
Infratrochlear n.

External nasal branch
of ophthalmic n.

眶上神經
supraorbital n.

顴顳神經
Zygomaticotemporal n.

耳顳神經
Auriculotemporal n.

顴臉神經
Zygomaticofacial n.

眶下神經
infraorbital n.

頰神經
Buccal n.

頷神經
mental nerve n.

V1

V2

V3

ophthalmic nerve (V1)

maxillary nerve (V2)

mandibular nerve (V3)

這三個小孔剛好在瞳仁內緣及嘴角的連線上，有：

（1）**眶上孔**（supraorbital）/ 眶上神經（supraorbital nerve）

（2）**眶下孔**（infraorbital）/ 眶下神經（infraorbital nerve）

（3）**下頜孔**（mandibular）/ 頜神經（mental nerve）

另一個小孔在顴弓（zygomatic arch）上。

（一）局部神經阻斷

如果施行臉部治療時，當表皮麻醉仍使病患有明顯痛感，或操作較深層部位、較大面積注射（回春治療注射），需要較大破壞時（譬如實行淚溝的韌帶解離術），可以加強深層神經的局部麻醉。

操作如下述的入針及方向：

1. SON Block / SupraOrbital Nerve Block（眶上神經阻斷）

→眶上神經起源於眶上凹陷，可以在眶上緣識別。如果眶外凹陷不能在外面找到，可以用眶上孔取代。眶上凹陷位於額骨上的中瞳線內側。

→將注射器插入眉毛，並將注射器向麻醉劑口附近注射。要注意避免將麻醉劑注入眼眶。如果側枝沒有被一般的眶下神經麻醉，建議距離眼眶上方1cm插入眉毛的中間部分來進行額外的麻醉。

2. STN Block / SupraTrochlear Nerve Block（滑車上神經阻斷）

→在30％的病例，滑車上神經與眶上凹陷的眶上神經一起出現，並可與
　SON阻斷一起執行神經阻斷。

→然而，在大多數情況下（70％），滑車上神經 起始於正面切口，這需要
　從面部中線側向15mm的注射，這可以通過將食指放置在額頭的中線上來
　抓近似的位置。 在這種情況下，需要額外的注射。

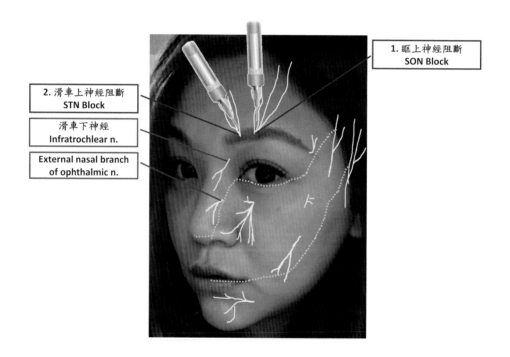

3. ION Block / InfraOrbital Nerve Block（眶下神經阻斷）

→眶下神經阻斷是醫美手術中非常有用的技術，因為口內和口外方法都能
　有效地發揮作用。

→這兩種方法都針對眶下孔，其中有眶下神經經過。眶下孔位於鼻翼與眼
　眶下緣的上三分之一處。

→在口外注射法中，如上所述針對眶下孔的位置注射麻醉藥。

　＊然而，是從木偶線接近而不是垂直的經皮插入。

　＊經鼻唇形態也存在。這種方法注射在木偶線上部和顎槽的上部相交
　　的位置處形成倒置的V形，然後在上、外方向上運行。經皮鼻唇法
　　（transcutaneous nasolabial）可以更接近眶下孔一些。

→在口內注射法中，將注射器平行於上頜第二前磨牙（second premolar）的
　長軸，平行注射針頭，並慢慢向上注射麻醉藥物。

→兩種方法都要小心，避免將麻醉劑注入眼眶內部。在這種情況下，可能
　會發生複視。

4. ZTN Block / ZygomaticoTemporal Nerve Block（顴顳神經阻斷）

→前額骨和顴骨的匯合點，作為眉毛側面的突出點表現。

→顴顳神經起源於該區域的橫向，並且支配著眉毛和眉間（glabellar region）
　區域的側面部分。然而，面部地標不清楚。

→因此，神經阻斷並不總是表現良好。

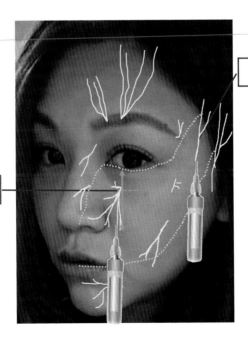

4. 顴顳神經阻斷
ZTN Block.

3. 眶下神經阻斷
ION Block

5. MN Block / Mental Nerve Block（頦神經阻斷）

→類似於眶下神經阻斷，也可以通過口外或口內途徑完成神經阻斷。

→這兩種方法都針對從cheilion垂直下降2厘米的頦孔。

　＊對於口外的方法，朝上內側注射頦孔。

　＊在口內方法中，在下頜第二前磨牙（second premolar）區域緩慢地向下
　　部和後方注射。

6. BN Block / Buccal Nerve Block（頰神經阻斷）

→頰神經進入上頜第二磨牙附近的口腔黏膜，其主幹在中線運行。

→當它通過牙列進行中間時，頰的主幹神經。位於稍差的位置。供應整個
　口腔區域，包括口角部側面的黏膜和皮膚。主幹線不僅靠近主幹行駛，
　而且在其他地區也發生了一些分支。

→頰神經阻斷利用接近下頜第二磨牙頰側的進針。將針頭平行於咬合面放
　置後，沿著下頜骨下頜第二磨牙或斜線的頰側緩慢注射麻醉劑。

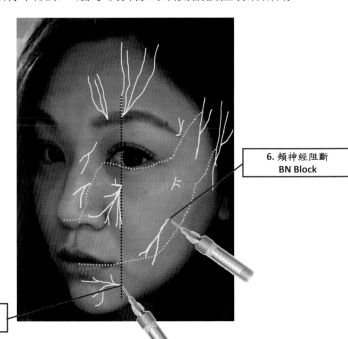

6. 頰神經阻斷
BN Block

5. 頦神經阻斷
MN Block

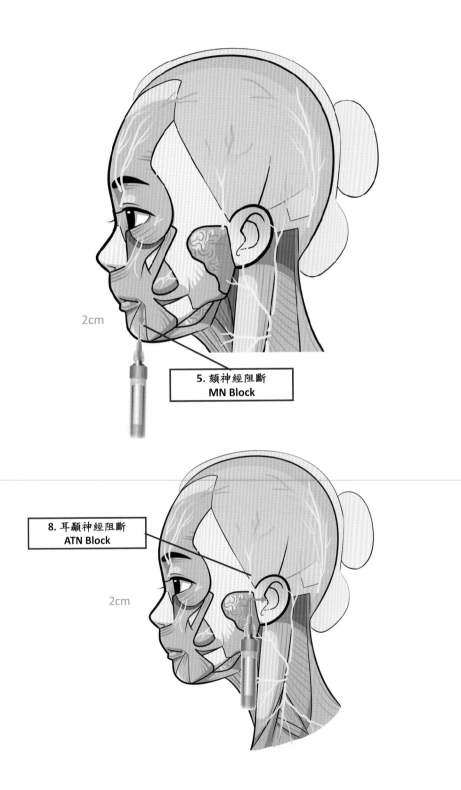

2cm

5. 頦神經阻斷
MN Block

8. 耳顳神經阻斷
ATN Block

2cm

7. IAN Block / Inferior Alveolar Nerve Block（下牙槽神經阻斷）

→為了完全麻醉下頜下區域的皮膚，有必要在口腔內接近下牙槽神經。慢慢地注射，目標是對面的第一個前磨牙的咬合平面上方，1厘米長的長針頭，使其朝著背景三角形的中心點。如果針頭與下頜骨的接觸，請稍微拉回並注射麻醉藥。

8. ATN Block / AuriculoTemporal Nerve Block（耳顳神經阻斷）

→對於耳顳神經阻斷，在耳屏前方注射2毫升麻醉藥。

＊如果耳顳神經被阻斷，則耳屏、前耳廓和外耳道的感覺也被阻斷。

＊麻醉耳廓的其他部位需要大的耳廓神經阻斷。

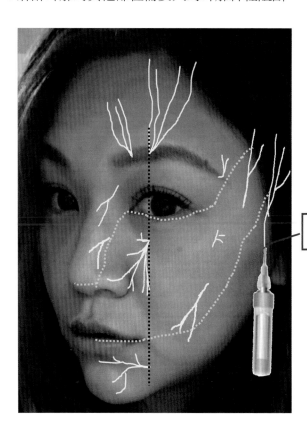

8. 耳顳神經阻斷
ATN Block

9. GAN Block / Great Auricular Nerve Block（大耳廓神經阻斷）

→大耳廓神經沿著胸鎖乳突肌的前表面上行前進。將手放在患者的顳區
上，區分胸鎖乳突肌。並標記其邊界。

→然後將麻醉劑，從外耳道下6.5厘米及胸鎖乳突肌邊界之中點注入。

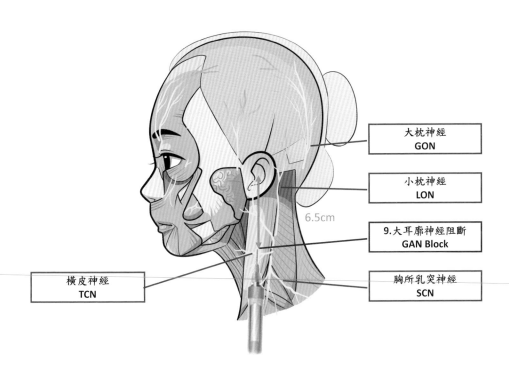

大枕神經
GON

小枕神經
LON

6.5cm

9.大耳廓神經阻斷
GAN Block

橫皮神經
TCN

胸所乳突神經
SCN

（二）臉部危險區（神經損傷）

我們按照神經的分支和走行的關係，依據解剖的位置和它易損傷的位置，把臉部分成七大危險區域。此為**手術剝離**時要注意到的區域。**微整時**亦須注意其走向，不要傷害到，減少術後併發症。

危險區	位置	影響神經	傷後表現
i	外耳道下6.5cm	耳大神經	耳下2/3，頰頸麻痺
ii	耳屏下方0.5cm作一點，再以眉外側上方2cm作一個點，連成一條1線，平行於顴弓作2線，至眶外緣；再連接眉上方與眶外緣作3線，構成一個三角形。	顳支	前額麻痺
iii	下頜緣上1-2公分占81%，19%位於下頜緣下1-2公分。	下頜支	下唇麻痺
iv	顴弓最高點，下頜角後緣，口角	顳支、顴支	唇頰麻痺
v	瞳中，眶上緣	眶上、滑車上神經	額、上瞼、鼻麻痺
vi	瞳中，眶下緣1.0cm	眶下神經	上唇、下瞼、鼻麻痺
vii	下頜中	頦神經	下唇、頦麻痺

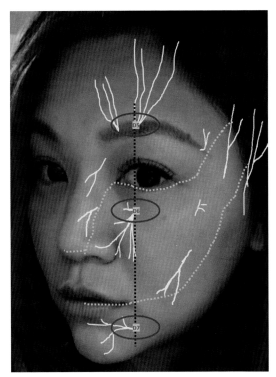

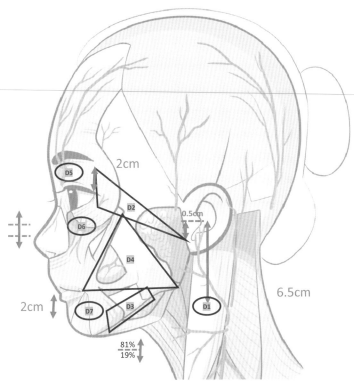

參考資料（Referance）

1. American Society for Aesthetic Plastic Surgery, A.（2016）. "Aesthetic surgery national data bank statistics ".

2. Carruthers JD, F. S., Rohrich RJ, Weinkle S, Carruthers A, Carruthers,（2014）. "Blindness caused by cosmetic filler injection：A review of cause and therapy." Plast Reconstr Surg 134：1197-1201.

3. Hayreh SS（2006）. "Orbital vascular anatomy." Eye 20：1130-1144.

4. Jack F. Scheuer III, David A. Sieber, Ronnie A. Pezeshk, Carey F. Campbell, Andrew A. Gassman and Rod J. Rohrich（2017）. "Anatomy of the Facial Danger Zones：Maximizing Safety during Soft-Tissue Filler Injections." Plastic & Reconstructive Surgery 139（1）：50e-58e.

5. Katie Beleznay, J. D. C., Shannon Humphrey,Derek Jones,（2015）. "Avoiding and Treating Blindness From Fillers：A Review of the World Literature." Dermatologic Surgery 41（10）.

6. Kim SN, B. D., Park JH,（2014）. "Panophthalmoplegia and vision loss after cosmetic nasal dorsum injection." J Clin Neurosci 21：678-680.

7. Lazzeri D, A. T., Figus M,（2012）. "Blindness following cosmetic injections of the face." Plast Reconstr Surg 129：995-1012.

8. Lazzeri S, F. M., Nardi M,（2013）. "Iatrogenic retinal artery occlusion caused by cosmetic facial filler injections." Am J Ophthalmol 155：407-408.

9. Lee JH, L. K., Moon HJ,（1969）. "A case of unilateral blindness after paraffin injection on the forehead." J Korean Ophthalmol Soc 10：49-51.

10. Lee SH, G. Y., Choi YJ, Tansatit T, Kim HJ, Hu KS,（2015）. "Topographic anatomy of the superior labial artery for dermal filler injection." Plast Reconstr Surg 135：445-450.

11. Li X, D. L., Lu JJ,（2015）. "A novel hypothesis of visual loss secondary to cosmetic facial filler injection." Ann Plast Surg 75：258-260.

12. Lohn JW, P. J., Norton J, Butler PE,（2011）. "The course and variation of the facial artery and vein：Implications for facial transplantation and facial surgery." Ann Plast Surg 67：184-188.

13. Lu L, X. X., Wang Z,（2013）. "Retinal and choroidal vascular occlusion after fat injection into the temple area." Circulation 128：1797-1798.

14. Nakajima H, I. N., Aiso S,（2002）. "Facial artery in the upper lip and nose：Anatomy and a clinical application." Plast Reconstr Surg 109：855-861.

15. Ozturk CN, L., Tung R,（2013）. "Complications following injection of soft-tissue fillers." Aesthet Surg J 33：862-877.

16. Ozturk CN, L. Y., Tung R, Parker L, Piliang MP, Zins JE, （2013）. "Complications following injection of soft-tissue fillers." Aesthet Surg J 33：862-877.

17. Park KH, K. Y., Woo SJ, （2014）. "Iatrogenic occlusion of the ophthalmic artery after cosmetic facial filler injections：A national survey by the Korean Retina Society." JAMA Ophthalmol. 132：：714-723.

18. Park SW, W. S., Park KH, Huh JW, Jung C, Kwon OK, （2012）. "Iatrogenic retinal artery occlusion caused by cosmetic facial filler injections." Am J Ophthalmol. 154：653-662.

19. Pessa JE, R. R. （2012）. "The cheek." 47-93.

20. Pinar YA, B. O., Govsa F, （2005）. "Anatomic study of the blood supply of perioral region." Clin Anat. 18：330-339.

21. Selmanowitz VJ, O. N. （1974）. "Cutaneous corticosteroid injection and amaurosis. Analysis for cause and prevention." Arch Dermatol 110：729-734.

22. Shin H, L. B., Stevens TS, （1988）. "Posterior ciliary-artery occlusion after subcutaneous silicone-oil injection." Ann Ophthalmol 20：：342-344.

23. Teimourian B （1988）. "Blindness following fat injections." Plast Reconstr Surg 82：361.

24. Von B （1963）. "Multiple embolisms in the fundus of an eye after an injection in the scalp." Acta Ophthalmol （Copenh）41：85-91.

25. wiki （2014）. "http：//en.wikipedia.org/wiki/Central_retinal_artery." Central retinal artery.

26. Yang HM, L. J., Hu KS, （2014）. "New anatomical insights on the course and branching patterns of the facial artery：Clinical implications of injectable treatments to the nasolabial fold and nasojugal groove." Plast Reconstr Surg 133：1077-1082.

27. 張健淵醫師（http：//ssagy.pixnet.net/blog）（2016）. 台中市大容診所。

除皺治療

有了面部的**血管**，**神經**解剖的觀念，

我們正式進入第二部分的第一個章節——除皺治療。

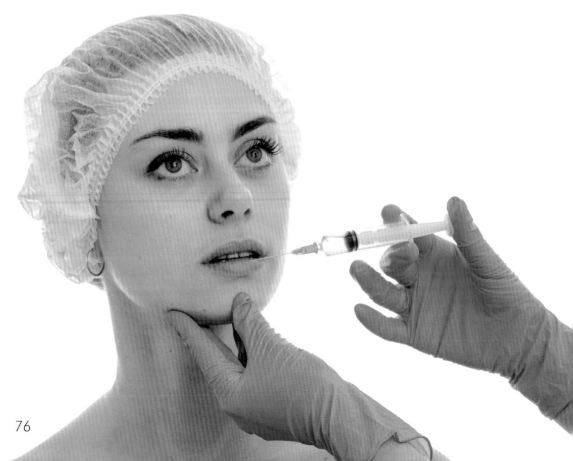

一、肉毒桿菌毒素簡介

一個意外的發現，成就了微整形抗老（表面假象）的巨星

肉毒桿菌毒素（學名：Clostridium botulinum）是一種生長在常溫、低酸和缺氧環境中的革蘭氏陽性桿菌。

自然界：肉毒桿菌在不正確加工、包裝、儲存的罐裝的罐頭食品或真空包裝食品裡，都能生長並產生毒性。肉毒桿菌也廣泛分布存在在自然界的各處，譬如土壤及動物糞便之中。

人體：人體的腸胃道也是一個良好的缺氧（厭氧）環境，很適於肉毒桿菌居住成長。

如根據所產生的肉毒桿菌毒素的抗原性不同，肉毒毒素分為A、B、Cα、Cβ、D、E、F、G這8個類型，但是能引起人類疾病的有A、B、E、F型，其中以**A、B型**最為常見，是肉毒桿菌在繁殖過程中分泌的一種成分，由於**它對興奮型神經介質具有干擾作用**，因此，最初便當作為治療肌肉神經功能亢進的藥物而使用。(維基百科)

肉毒桿菌
C. botulinum

肉毒桿菌孢子
Spores of
C. botulinum

肉毒桿菌

肉毒桿菌中毒的英文「botulism」係由拉丁文香腸「botulus」而來，而肉毒桿菌毒素（BoNT，Botulinum Toxin），這個名詞的意思是「sausage poison」香腸毒素。是由肉毒桿菌在厭氧環境下生長過程中，所產生的一種嗜神經性外毒素。

肉毒桿菌毒素是150 kD的多肽，它由100 kD的重鏈（H）和50 kD的輕鏈（L）通過一個雙硫鏈相連接起來。

肉毒桿菌毒素現在共有八種類型，引起人類中毒者主要為A型、B型，其中**A型毒性**最強，最具軍事價值。純淨的A型肉毒桿菌毒素對人的吸入半致死量為0.004 μ g/kg。所以可以進一步計算出，1公克的A型肉毒桿菌毒素便可以殺死約2000萬人。

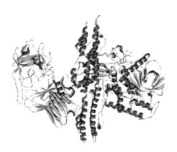

3d ribbon model of botulinum neurotoxin serotype A（**BOTOX**®）from PDB 3BTA. Ref.：Lacy，D.B.，Tepp，W.，Cohen，A.C.，DasGupta，B.R.，Stevens，R.C.（1998）Crystal structure of botulinum neurotoxin type A and implications for toxicity. Nat.Struct.Biol. 5：898-902 PMID 978375

二、肉毒的發現與美容功效

二次世界大戰中，曾經在德國斯塔格（Stutggart）地區發生過嚴重的食物中毒大流行事件。西元1817～1822年間，德國再度發生大規模的食物中毒事件。當時**Justinus Kerner**（1786-1862）醫師便從觀察中發現，許多患者是在吃了腐壞的香腸之後才得病的（一說早期在歐洲，許多民眾吃了家中自製的香腸後而致病，因此疾病名稱由此而來），推斷出這種毒素是作用在於神經傳導路線的末梢，導致神經麻痺而中毒。（Erbguth FJ 1999）

Justinus Kerner, age 48. (Crayon painting by O.Mu̎ller, 1834.)

一直到西元1895年，此病原菌才被知名的比利時細菌學家凡爾曼金**Emile Pierre van Ermegem**所發現，確定為梭狀芽孢肉毒桿菌，而且是一種厭氧菌，所以在一般有空氣的環境中無法培養出來，需要在厭氧環境中成長。進一步的研究發現，這種細菌經常存在於腐敗的罐頭食物、肉品以及醃製食品中，並且分泌毒素。

吃了這些有毒的食物1～2天之後，毒素經由血路散布至所有的神經末梢，阻止了神經末梢乙烯膽鹼的傳輸，因而造成周邊的神經麻痺，甚至嚴重者可以導致呼吸停止進而致死。

凡爾曼金於1897年首次從菌體中成功地分離出肉毒桿菌毒素（botulinum toxin）。

時至20世紀20年代，A型肉毒桿菌毒素被提煉出來。美國舊金山加利福尼亞大學的**Herman Sommer**博士以穩定的酸沉澱形式，最先從肉毒桿菌中提煉出A型肉毒桿菌毒素。

1949年，在英國倫敦的研究人員**Arnold Burgen**發現，肉毒桿菌毒素可以阻斷神經和肌肉的聯繫。

肉毒桿菌毒素第一次用於醫療，是在1970年代。

在舊金山的眼科醫師**Alan Scott**成功利用分離的肉毒桿菌毒素，治療斜眼症和眼瞼痙攣（先治療猴子）。

在1978年，Scott醫生獲得了美國食品和藥物管理局（FDA）的核准，進行關於肉毒桿菌毒素用於治療人類斜視問題的廣泛動態測試。他將這種藥物命名為**Oculinum**™，並且同時創立**Oculinum**公司來進行生產及出售這種藥物。

Van Ermegem

Alan Scott

Doctores Jean and Alastair Carruthers

1986年，加拿大的眼科醫生瓊·卡拉索（**Jean Carruthers**）在無意中發現，這種用來抑制肌肉神經運動的藥物，可以使患者眼部的皺紋消退。她將這個意外的驚喜告訴她身為皮膚科教授的丈夫（**Alastair Carruthers**）。此後，兩人合作研究這一課題，最終將A型肉毒素引入皮膚**除皺**領域，並於1990年發表了相關報告，開創了美容領域的「**BOTOX**® 革命」。

1989年，Oculinum獲美國FDA核准用於治療斜視及眼瞼顫動。

而在美國加州的另一端，1948 年洛杉磯的**藥劑師Herbert**創立了**Allergan公司**。一開始以賣眼藥水起家，專攻眼科相關領域。隨著公司逐漸擴大，Allergan也開始併購其他公司。在1989年，Allergan以450萬元美金買下了Oculinum™並且改名為**BOTOX**®，同年肉毒桿菌毒素也以孤兒藥身分通過數項FDA審核。

不同於一般的化學合成藥的專利，它是用於保護特定的分子結構，因為肉毒桿菌毒素是自然界的產物，所**申請的專利是在於不同的醫療用途上**，包括使用族群、用量、使用方法等等細節規範。隨後幾年，更多肉毒桿菌素的醫療用途陸續通過FDA核准。

2002年，美國FDA批准位於加利福尼亞州的Allergan公司生產的精製肉毒毒素A注射劑（商品名：**BOTOX**®，中譯：保妥適®）可以作為藥品上市，**可用於18到65歲的成年女性和男性的眉間等處的皺紋，進行有效的改善治療**（Carruthers醫師並不在專利裡面）。雖然說，醫師們能夠開處方給任何他們覺得合理的治療（off-label usage）。**BOTOX**®用於醫學美容也已行之有年，但得到FDA的許可證，代表藥廠終於能夠光明正大的宣傳該藥物的特定用途。（http：//connectome.tw/california-biotech-allergan-company-history）

通常，以醫療為目的肉毒桿菌施打劑量，極其少量，都僅是**推定致死量的1%**。在設定用量無誤的情況下可說是安全，但依舊必須根據對人體狀況專業的判斷，才能準確的設定劑量。

肉毒桿菌的毒素雖強，它對於人體的致死為40 IU/Kg，例如一位40KG的人致死量為40X40=1600 IU，但注射至人體的劑量為5～100 IU，所以說肉毒桿菌對於人體是十分安全的。

根據美國美容整形外科學會（ASAPS）的數據顯示，自2002年到現在，瘦臉針的用量已經提升了67%。平均每10位用戶中就有6.4位用戶說瘦臉針值得一試。國際美容整形外科學會（ISAPS）的數字顯示，2014年，全球微整療程執行超過1000萬次，其中肉毒桿菌療程就施打近500萬次，可見一般。我們常說的瘦臉針其實就是「肉毒素」，從最初被發現於變質的香腸中，到之後被應用於面部除皺美容，成為醫學美容界的「**好萊塢明星**」、愛美人士的「**臉部救星**」，肉毒素歷經歷了大約200年的蛻變過程。

現在許多不同類型的BoNT A型（BoNT-A）已被批准（台灣）並可在市場上買到：

1. **BOTOX**®（Allergan Inc.，Irvine，California，**USA**）

2. **DYSPORT**®（Ipsen Limited，Berkshire，**UK**）

3. **XEOMIN**®（Merz Pharmaceuticals GmbH，Frankfurt am Main，**Germany**）

然而唯一批准的BoNT B型製劑是：

Myobloc®（US）/ **Neurobloc**®（美國外）（Eisai Limited，Hatfield，**UK**）

台灣尚未合法允許上市的是Meditoxin（韓國）、Neuronox（韓國）、衡力（中國）、Botulax（韓國）肉毒桿菌。（2018年3月）

目前經衛生署核准，在台灣可上市的肉毒桿菌素產品，包括：

台灣常用肉毒桿菌素比較

名稱	BOTOX® 保妥適 (onaBoNT)	DYSPORT® 儷緻 (aboBoNT)	XEOMIN® 淨優明 (incoBoNT)
研發地	美國	英國	德國
單位	50U / 100U	300U / 500U	50U / 100U
保存方式	冷藏於2-8℃	冷藏於2-8℃	室溫20~25℃
賦形劑	NaCl、serum albumin	gelatin phosphate	human serum albumin
平均維持時間	116天	115天	121天

許可證字號	有效日期	中文品名	英文品名	申請商	製造廠
衛署菌疫輸字第000870號	107/09/10	儷緻®注射劑 DYSPORT®	DYSPORT®, Powder for Injection	法商益普生股份有限公司台灣分公司	IPSEN BIOPHARM LIMITED
衛署菌疫輸字第000934號	106/10/01	儷緻®注射劑 300U DYSPORT®	DYSPORT®, powder for solution for injection, 300U	法商益普生股份有限公司台灣分公司	IPSEN BIOPHARM LTD.
衛署醫器輸字第021854號	109/12/16	保妥適®注射針：拋棄式皮下針狀電極 BOTOX®	BOTOX® Injection Needle：Disposable Hypodermic Needle Electrode	台灣愛力根藥品股份有限公司	Natus Manufacturing Limited
衛署菌疫輸字第000525號	108/04/20	「愛力根」保妥適乾粉注射劑 BOTOX®	BOTOX®（BOTULINUM TOXIN TYPE A）PURIFIED NEUROTOXIN COMPLEX "ALLERGAN"	台灣愛力根藥品股份有限公司	ALLERGAN PHARMACEUTICALS IRELAND
衛部菌疫輸字第000994號	110/02/23	淨優明®凍晶注射劑 100 LD 50單位 XEOMIN®	XEOMIN® Powder for Solution for Injection 100 LD 50 Units	新加坡商莫氏亞太有限公司台灣分公司	MERZ PHARMA GMBH & CO. KGAA
衛部菌疫輸字第000995號	110/02/23	淨優明®凍晶注射劑 50LD50單位 XEOMIN®	XEOMIN® Powder for Solution for Injection 50 LD 50 Units	新加坡商莫氏亞太有限公司台灣分公司	MERZ PHARMA GMBH & CO. KGAA

（一）BOTOX®（保妥適®）

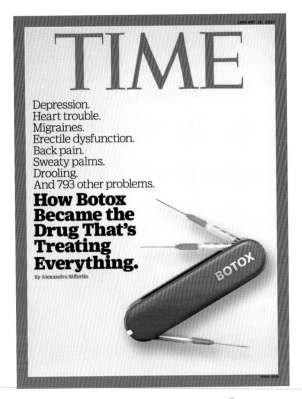

2017/1/16 Time　經典肉毒**BOTOX**®：
The Drug That's Treating Everything　治療百病的神藥

Allergan併購Oculinum^{TM} 並且改名為**BOTOX**®，經過28年，現在適應症高達有793個疾病，自行進行的RCT有81個，已在91個國家上市，已賣出8000萬瓶。

今年（2017年）前十個月，全球已賣出新臺幣700億。

適應症由**Motor**（除皺）--> **Gland**（除汗）--> **Sensory**（慢性偏頭痛）
一直不斷被證實其臨床功能。

在Ireland，Westport生產。

「**BOTOX**® works every time！」

這是今年（ 2016年）愛力根公司打出的口號。

因為新的競爭對手（**XEOMIN**®）進入台灣市場，號稱沒有複合蛋白、更加純淨、更加不易產生抗體反應，造成失效？

BOTOX® 強調治療的穩定性及效能，提出佐證、打擊對手。

台灣市場上三種國際品牌（**BOTOX**® 美國、**DYSPORT**® 英國、**XEOMIN**® 德國），在使用上對醫師來說是相對上比較安全的，也有一些便宜的肉毒（蘭州肉毒、韓國肉毒）在黑市流竄（TFDA核准的只有前三種，韓國肉毒已開始在台灣推廣），醫師及消費者使用上須小心，不要誤用黑貨，傷身耗錢，增加醫療糾紛及併發症風險。

在臨床上，需要注意肉毒的幾個方向度：

Efficacy（效能度）、**Duration**（持久度）、**Safety**（安全度）、**Satisfication**（滿意度）、**Precise**（精準度）。

a. Efficacy（效能度）

→肉毒製程決定產品品質，肉毒桿菌毒素成分沒有專利，**專利在製程**。

→**BOTOX®** 的製造過程為strain selection（選株）、fermentation（發酵）、preciptation（分離）、purification（純化）、formulation（賦形）。

→**專利是重在賦形**，加入NaCl（氯化鈉）、serum albumin（白蛋白）使其穩定、易抽取、可視。

→在分離、純化過程中，有150、250、300、500、900k片段產生，其中900kD被愛力根公司研究為最有效的合成物。

BoNT-A＝1 **neurotoxin**	＋	1 **NTNH & HA** subunit（NAP）
		（non-toxic non-hemagglutinin proteins）（hemagglutinin）
900kD 150kD		750kD

神經毒素相關蛋白（neurotoxin-associated proteins）

NAP＝NTNH＋HA subunit

擁有保護圈（複合蛋白）的**純化**肉毒桿菌素。複合蛋白可以保護BoNT

 ⅰ.Protection（免被酵素分解）

 ⅱ.Stabilization（在熱、酸中穩定）

 ⅲ.Shielding（避免Ag of 100 kD heavy chain）

b. Duration（持久度）

→持久度：接受**BOTOX**® 20U治療皺眉紋，效果可長達四至六個月。

→重複治療效果更好：重複六次皺眉紋之治療，最後一次治療後四個月，仍有高達89%病人有效。

c. Safety（安全度）

→**BOTOX**® 擁有約2500篇發表的文獻證實其效能，在美容上約350篇，是全球領導品牌（2014年全球市占**BOTOX**® 71%、**XEOMIN**®與其他 25%）。

→**BOTOX**® 具有25年，超過3500萬次的臨床經驗，顯示長期使用的安全性。

d. Satisfication（滿意度）

 效果在治療後1-2天內就會開始展現。

→在接受治療一個月後，有高達95%患者滿意度，即使治療四個月後，仍有高達89%病人有效。

→2015年，**Trindade**長期滿意度，高達九年的追蹤，平均約使用20U。

 結論是，施打越久，覺得年輕歲數更多。

→2013年，Banegas做了一個 **BOTOX**®- **XEOMIN**® switch study

    BOTOX®→**BOTOX**®　　　　　滿意度99%

    BOTOX®→**XEOMIN**®　　　　滿意度33.7%

    84% 轉回，**BOTOX**®→**XEOMIN**®→**BOTOX**®，滿意度90.3%

    BOTOX®→**XEOMIN**® 原因為：便宜

    XEOMIN®→**BOTOX**® 原因為：duration不夠長（56%）、無效

                       （6%）

e. Precise（精準度）

即是看其會不會容易移轉（migration），我們希望注射的藥物可以局限在我們希望停留的肌肉上。理論上，結構上越單純，越容易到處亂跑。

效能及起效時間長短與劑量有關

* 就一般而言，施打劑量愈高，效果愈明顯，作用的時間相對持久，但副作用機率也越大。

* 有些人喜歡很明顯的效果，並且作用要持久，所以劑量要足夠；但是有些人喜歡保有看起來自然的表情，所以劑量可稍微調低，不過相對起效時間較短，必須事先與病人說明清楚，以維持良好的滿意度。

* 低劑量看似節省成本，雖可見初步療效，但效果不佳且不持久，導致病人流失，為維持病人高度滿意度，劑量一定要適當，如此才能留住病人，讓病人不斷回來重複注射。

影響BOTOX®劑量的因素

* 年齡大小
* 不同種族
* 皮膚類型
* 肌肉大小
* 皺紋嚴重程度
* **BOTOX®** 以前注射治療結果

治療後回診評估及修飾

* 務必請病人回診，方能得知注射部位及劑量是否適當，評估將來如何改善。

* **皺紋**：注射後2～4週可達最佳效果，建議2週後回診，如有需要，可做修飾注射。

* 一定要提醒病人下次注射時間，以提高回診率。

療效能維持多久？

* 肉毒桿菌素**BOTOX**®（保妥適®）的治療時間會因人而異。當藥品療效漸漸消失以後，皺紋也就會慢慢恢復，因此需每年定期治療二到四次，持續維持效果，期間也可以隨意增加注射的部位，根據臨床研究顯示，**BOTOX**®（保妥適®）會隨著治療次數的增加而延長效果的持續時間，所以未來可逐漸減少治療次數。簡單來說，重複注射多次後，效果更持久。

停止注射後，皺紋會變得更嚴重嗎？

* 不會。停止注射後，幾個月皺紋會慢慢恢復原來的樣子，不會加重皺紋。

有一些報導表示會造成臉部僵硬？是否屬實？

* 肉毒桿菌素**BOTOX**®（保妥適®）只作用在治療部位，其他的肌肉並不會受到影響，所以治療部位、深度及劑量掌握良好就不影響自然表情，也不會引起臉部僵硬。

長期使用會產生哪些副作用？一般社會大眾知道嗎？

* 目前為止，根據研究與調查，並沒有因為注射肉毒桿菌素**BOTOX**®（保妥適®）而產生永久副作用的案例。

* **BOTOX**®（保妥適®）在臺灣臨床治療經驗已長達15年以上，並無任何長期的副作用案例產生。

若依照正規劑量，持續接受治療數次，累積劑量是否會使人中毒？

* 肉毒桿菌素**BOTOX**®（保妥適®）是一個天然、純化的蛋白質，容易為人體所吸收代謝，不會累積在體內，正因為如此，注射肉毒桿菌素**BOTOX**®（保妥適®）並不能永久維持治療結果，需要持續注射才能維持效果。

不建議使用（有爭議）

* 懷孕者
* 哺乳者

小心使用

* 神經疾患者：重症肌無力，肌肉無力者，多發性硬發症，用氨基糖苷類
  抗生素（amino glycoside）。

注意事項（有爭議）

* 注射後4小時內，避免臉部按摩、睡覺及頭部前傾及運動。

（二）DYSPORT®（儷緻®）

儷緻®（**DYSPORT**®）肉毒桿菌素是英國一家先進生物科技藥廠（IPSEN BIOPHARM LIMITED）所精心研發的 A 型肉毒桿菌素注射劑，是歐洲第一品牌，與英國品牌的 Burberry、Wedgwood，法國品牌的嬌蘭、C.D. 同享盛名。

除皺注射整個過程只需5～15分鐘，因此有人稱為「午休美容」。

感謝法國高德美大藥廠_香港商高德美有限公司台灣分公司授權圖片使用

「Don't freeze me, DYSPORT me!」
「Keep it Nature, Keep it Real!」

這是今年（2017年）高德美（**Galderma**）公司打出的口號。

香港商高德美有限公司台灣分公司，

2013年開始代理來自北歐，全球玻尿酸領導品牌**瑞絲朗**（**Restylane®**），

2015年開始代理反轉肌齡，膠原蛋白增生劑**聚左旋乳酸舒顏萃**（PLLA，**Sculptra®**），自從接手經營推廣後，強接地氣，在台灣市場皆爆發出不錯的火花。一波接一波，於**2017年9月**開始接手來自英國，皇家肉毒桿菌*儷緻®*（**DYSPORT®**），補齊肉毒線的產品。

DYSPORT® 使用問卷調查（2017-09）

（2017-09-10 臨床應用研討會，台北華南銀行總行大樓2F國際會議廳，Dr. Patric Huang、Dr. Stephanie Lam，總投票醫師約400人）

（a）Out of all the toxin you use, how many % is **DYSPORT**® ?

ⅰ. 0-10%	39%
ⅱ. 11-20%	14%
ⅲ. 21-30%	12%
ⅳ. 31-40%	6%
ⅴ. 41-50%	4%
ⅵ. >51%	25%

（b）Why do you choose **DYSPORT**® over the other toxin brands ?

ⅰ. Fast onset of action	31.7%
ⅱ. Long duration	20.2%
ⅲ. Result or possible side effect	20.2%
ⅳ. High patient satisfaction	25%
ⅴ. Cost effect	75%

（c）What do you look for when choosing a botulinum toxin ?

ⅰ. Efficacy	59.3%
ⅱ. Safety	65.9%
ⅲ. Price	59.3%
ⅳ. Patient satisfaction	67.0%

（d）What do you use **DYSPORT**® the most ?

ⅰ. Glabella lines	43.5%
ⅱ. Crow's feet	45.4%

iii. Forehead lines   40.7%

iv. Masseter   59.3%

v. Calves   56.5%

vi. Hyperhidrosis   40.7%   on label use

（e）Do you have concerns using **DYSPORT**® for small muscles？

i. Yes   74%

ii. No   26%

（f）Which of the following worries you the most about **DYSPORT**®？

i. Diffusion   67.2%

ii. Spreding   64.0%

iii. Complexing patient   20.8%

iv. Neutralizing antibodies   22.4%

v. Other side effect   16.8%

（g）What is your normal reconstitution volume for **DYSPORT**® 500U？（pick the closest if your choice is not available）

i. 2.5ml   33.3%

ii. 3.8ml   19%

iii. 4ml   11.9%

iv. 5.0ml   31.0%

v. >6ml   4.8 %   （各1/3）

專家會議意見

→Diffusion與Spreading有何差別？

→不同產品泡成相同potency，方便臨床醫師使用。

→**DYSPORT**®真空瓶，一瓶最多只能充到3.8ml。

DYSPORT® 品牌沿革

BoNT-A全球使用量最大為美國，第二名為巴西，第三名為英國。

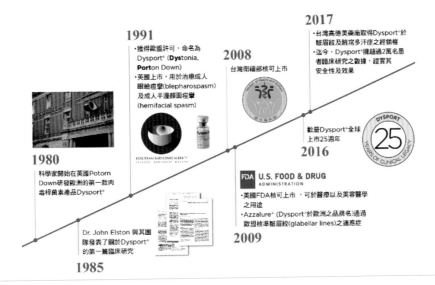

感謝法國高德美大藥廠_香港商高德美有限公司台灣分公司授權圖片使用

1984年，一家名為Porton International（最終由法國Ipsen SA併購）的生物技術公司，與英國Porton Down的應用微生物與研究中心（CAMR）建立了合作夥伴關係。其產品中，Porton國際開發和商業化aboBoNT-A發展成為**DYSPORT®**

（Dystonia / Porton Down; Ipsen Biopharm Ltd，Wrexham，UK）。

DYSPORT® 證明在一系列的痙攣狀態（dystonic conditions）下有效，包括：

1. 眼瞼痙攣（blepharospasm）
2. 半面肌痙攣（hemifacial spasm）
3. 頸張力障礙（cervical dystonia）
4. 梅格綜合徵（Meige syndrome）
5. 下頜肌張力障礙（mandibular dystonia）
6. 抽筋（cramp）。

→根據這些令人信服的證據，**DYSPORT**®於1990年12月在歐洲被批准用於治療特定的肌張力障礙。

→**DYSPORT**®目前在75個國家擁有營銷授權。

2007年，Ipsen（現在**DYSPORT**®的製造商）與高德美（Galderma）合作，開發，推廣和分銷美容肉毒aboBoNT-A，這種關係持續到今天，並已擴展到世界各地的許多市場，現在已經有營銷75個國家的授權。

因為**DYSPORT**®的問世，是1985年開始於英國 Porton Down, UK.，所以命名為**DYSPORT**®（**Dys**tonia, **Port**on Down）

1985年，Dr. John Elston 首先發表文獻。

1991年，英國首次上市用於Blepharospasm及hemifacial spasm。

2003年，Azzalure 用於glabella lines。

2008年，**DYSPORT**® 通過TFDA。

2009年，**DYSPORT**® 通過FDA。

BoNT-A在1980年代第一次醫療用途，1989年FDA批准了BoNT-A用於斜視和眼瞼痙攣。

隨後，Abobotulinumtoxin A〔ABO〕

Azzalure（Ipsen Limited，Slough UK / Galderma，Lausanne CH）/

DYSPORT®（Ipsen Biopharm Limited，Wrexham UK / Galderma LP，Fort Worth，TX）

於1990年12月在英國獲得營銷授權，用於治療眼瞼痙攣（Blepharospasm）和半面痙攣（hemifacial spasm）。此後，新的適應症包括頸椎肌張力障礙，上肢痙攣狀態，腦癱痙攣型和多汗症等。

→在歐洲，將aboBoNT-A分成治療型及美容型，治療型叫**DYSPORT**®
　　　　　　　　　　　　　　　　　　　　美容型叫Azzalure。

→非歐洲地區，皆稱為**DYSPORT**®。

未來的發展為liquid brand液體肉毒，不需再行配置泡製，現在正在美國進行phase II 研究（2017-09）。

Azzalure是Speywood Unit（sU）[BoNT-A（sU）]中定量的BoNT-A，在歐洲批准，當這些皺紋對患者有重要的心理影響時，用以暫時改善中度至重度皺眉紋。

2008年5月23日星期五，IPSEN BIOPHARM LIMITED向SPEYWOOD UNITS提交了美國聯邦商標註冊。美國專利商標局給予了SPEYWOOD UNITS商標序列號79058525。

BoNT-A（s.U）在美國，加拿大和世界其他國家被批准為**DYSPORT**®（AbobotulinumtoxinA，Ipsen Pharma，Boulogne-Billancourt，France）。

→自從1989年的報告中，BoNT-A首次在**Clark**和**Berris**的美學應用報告中，BoNT-A治療的患者數量在同期上升。

→2009年在歐洲，亞洲和美國的美容治療的皺眉紋和抬頭紋的營銷授權。

→BoNT-A已經在數百萬人中使用，患者滿意率很高。例如，在2015年在美國進行的BoNT-A注射的數量估計為420萬，未來幾年將持續增長。

BoNT-A治療的患者中絕大多數人對結果表示滿意，他們會定期回診。

直到最近，幾個新產品進入各個國家的市場，BoNT產品的數量保持相對恆定。

這些產品正在不斷擴大其影響範圍。除了來自面部注射劑（Allergan，**BOTOX**®、Ipsen，**DYSPORT**®和Merz，**XEOMIN**®）的3個行業領導者的BoNT產品外，幾家小公司已經開始生產生物仿製藥（蘭州肉毒、韓國肉毒Botulax®）。

但是，需要通過大量患者的長期隨訪追蹤，來確認生物仿製藥的質量、療效和安全性。相比之下，ABO **DYSPORT**®已經是25年的全球產品，並且具有非常完善的功效和耐受性，通過該產品的許多臨床試驗證明。

為了紀念ABO **DYSPORT**® 推出25週年，醫學期刊介紹了ABO **DYSPORT**®的發展情況，因為產品現在進入了第三個十年。

總結了ABO **DYSPORT**® 的故事，從早期的歷史和最佳的治療參數到實用，安全和潛在的新用途：

1.【AbobotulinumtoxinA：a 25-year history】

Monheit和**Pickett**博士從**歷史**的角度詳細介紹了ABO **DYSPORT**®的發現和發展，講述了鑑定和後續分類的故事，闡明了ABO **DYSPORT**®在醫學和美學方面的驚人故事。

→本文首先從18世紀後期的肉毒桿菌爆發事件的報導開始，並繼續發表第一部描述肉毒中毒的出版物，然後專注於**DYSPORT**® 在英國推出的25年。檢查ABO **DYSPORT**® 25年的歷史，為我們提供了一個更清晰的概念，介紹產品的來源，並為未來使用開闢了新的探究線。（Monheit G 2017）

AbobotulinumtoxinA: A 25-Year History

Gary D. Monheit, MD; and Andy Pickett, PhD

Aesthetic Surgery Journal
2017, Vol 37(S1) S4–S11
© 2017 The American Society for
Aesthetic Plastic Surgery, Inc.
This is an Open Access article
distributed under the terms of the
Creative Commons Attribution-
NonCommercial-NoDerivs licence
(http://creativecommons.org/
licenses/by-nc-nd/4.0/), which
permits non-commercial
reproduction and distribution
of the work, in any medium,
provided the original work is not
altered or transformed in any
way, and that the work is properly
cited. For commercial re-use,
please contact journals.
permissions@oup.com
DOI: 10.1093/asj/sjw284
www.aestheticsurgeryjournal.com

OXFORD

2.【The practical use of AbobotulinumtoxinA in aesthetics】

BoNT在美學上的許多實際應用由**Kane**和**Monheit**博士評估，包括微**創美學治療**中的堅實基礎。突顯了ABO **DYSPORT**® 的性質和特點，特別提醒請注意**毒素擴散**的主題。

→討論患者適應性的重要，其中考慮到醫學和心理因素。還研究了最佳注射技術和個體解剖因素。（Kane MAC 2017）

The Practical Use of AbobotulinumtoxinA in Aesthetics

Michael A. C. Kane, MD; and Gary Monheit, MD

Aesthetic Surgery Journal
2017, Vol 37(S1) S12–S19
© 2017 The American Society for
Aesthetic Plastic Surgery, Inc.
This is an Open Access article
distributed under the terms of the
Creative Commons Attribution-
NonCommercial-NoDerivs licence
(http://creativecommons.org/
licenses/by-nc-nd/4.0/), which
permits non-commercial
reproduction and distribution
of the work, in any medium,
provided the original work is not
altered or transformed in any
way, and that the work is properly
cited. For commercial re-use,
please contact journals.
permissions@oup.com
DOI: 10.1093/asj/sjw285
www.aestheticsurgeryjournal.com

OXFORD
UNIVERSITY PRESS

3.【Key parameters of AbobotulinumtoxinA in aesthetics：onset and duration】

Nestor、**Ablon**和**Pickett**博士回顧了ABO **DYSPORT**® 美容治療中的**滿意度**，詳細介紹了**關鍵參數**。

→討論肌肉質量，注射技術和BoNT製劑的影響與其對作用發作和作用持續時間的影響。

→還描述了用於確定功效的**關鍵評估量表**。對不同形式的BoNT使用**等效劑量**時，建議謹慎，並期待相應的效力和結果。

→說明了這些因素的知識將允許醫生提供更彈性的客製化方法，使得能夠達到更高水平的患者滿意度。（Nestor M 2017）

Key Parameters for the Use of AbobotulinumtoxinA in Aesthetics: Onset and Duration

Mark Nestor, MD, PhD; Glynis Ablon, MD; and Andy Pickett, PhD

Aesthetic Surgery Journal
2017, Vol 37(S1) S20–S31
© 2017 The American Society for
Aesthetic Plastic Surgery, Inc.
This is an Open Access article
distributed under the terms of the
Creative Commons Attribution-
NonCommercial-NoDerivs licence
(http://creativecommons.org/
licenses/by-nc-nd/4.0/), which
permits non-commercial
reproduction and distribution
of the work, in any medium,
provided the original work is not
altered or transformed in any
way, and that the work is properly
cited. For commercial re-use,
please contact journals.
permissions@oup.com
DOI: 10.1093/asj/sjw282
www.aestheticsurgeryjournal.com

OXFORD

4.【Safety and patient satisfaction of AbobotulinumtoxinA for aesthetic use：a systematic review】

Cohen博士和**Scuderi**博士的系統綜述評估了16年來出版的文獻，詳細介紹了ABO **DYSPORT**®的**安全性**和患者對美容用途的**滿意度**。

→神經毒素在藥用和美學方面的顯著應用治療自然引發了陰謀和關注，這是ABO **DYSPORT**® 故事的組成部分。

→揭示中和抗體和全身毒性問題。這項系統評估使醫生能夠對目前可獲得的信息進行自己的實證評估。（Cohen J 2017）

Safety and Patient Satisfaction of AbobotulinumtoxinA for Aesthetic Use: A Systematic Review

Joel L. Cohen, MD; and Nicolo Scuderi, MD

Aesthetic Surgery Journal
2017, Vol 37(S1) S32–S44
© 2017 The American Society for
Aesthetic Plastic Surgery, Inc.
This is an Open Access article
distributed under the terms of the
Creative Commons Attribution-
NonCommercial-NoDerivs licence
(http://creativecommons.org/
licenses/by-nc-nd/4.0/), which
permits non-commercial
reproduction and distribution
of the work, in any medium,
provided the original work is not
altered or transformed in any
way, and that the work is properly
cited. For commercial re-use,
please contact journals.
permissions@oup.com
DOI: 10.1093/asj/sjx010
www.aestheticsurgeryjournal.com

OXFORD
UNIVERSITY PRESS

5.【New uses of AbobotulinumtoxinA in aesthetics】

Schlessinger、Gilbert、Cohen和Kaufman博士考慮到ABO **DYSPORT**®的新的和未來的使用，隨著潮流和更廣泛的臨床應用。

→還可以使用BoNT來改善甚至預防肥厚性瘢痕（hypertrophic scars），以及傷口癒合的影響，以及包括ABO **DYSPORT**® 與其他治療相結合的廣泛發展。（Schlessinger J 2017）

→重點介紹了廣泛的新藥用途，包括 治療皮膚病症如痤瘡（acne），紅斑痤瘡（rosacea），牛皮癬（psoriasis）和罕見的皮膚病（rarer skin diseases），除了減輕疼痛和治療炎性疾病。(Schlessinger J 2017)

New Uses of AbobotulinumtoxinA in Aesthetics

Joel Schlessinger, MD; Erin Gilbert, MD, PhD; Joel L. Cohen, MD; and Joely Kaufman, MD

Aesthetic Surgery Journal
2017, Vol 37(S1) S45–S58
DOI: 10.1093/asj/sjx005
www.aestheticsurgeryjournal.com

OXFORD

這些內容，我將它們循序漸進、融合分散在各個章節之中介紹……

（三）XEOMIN®（淨優明®）

Xeo= foreign ，Min=minimal ，Neo=new

→**BOTOX®**（Allergan）是**愛爾蘭**製造，最先於1989年通過美國FDA認證的品牌，台灣稱為「**保妥適®**」；

→**DYSPORT®**（Ipsen）是**英國**製造，在2009年獲批准，進入美國市場，台灣舊名為「**麗舒妥**」新名為「**儷緻®**」；

→台灣最新進口的**XEOMIN®**（Merz）是**德國**製造，則是在2009年就已獲得加拿大的正式批准，之前稱為NT-201，於2011年獲得美國FDA認證，商品名正式為**XEOMIN®**。

於歐盟（EU），包括德國、英國、法國、意大利及西班牙，獲認可的**XEOMIN®**，其註冊商品名稱為**Bocouture®**。

肉毒毒素是150 kD的多肽，它由100 kD的重（H）鏈和50 kD輕（L）鏈通過一個雙硫鏈連接起來。輕（L）鏈會切SNP25，使乙醯膽鹼（Ach）無法釋放。

XEOMIN® 可抑制周邊膽鹼激性神經末梢釋出乙醯膽鹼的作用，從而阻斷神經肌肉交界處的膽鹼傳導作用。

這種抑制作用的發生過程如下：

　　i. 神經毒素與膽鹼激性神經末端結合；

　　ii. 神經毒素進入神經末端，毒素分子的輕鏈部分轉移進入神經末端的細胞溶質；

　　iii. 然後是SNP25被酵素分解，SNP25乃是釋出乙醯膽鹼時所必需的突觸前目標蛋白。

　　iv. 神經衝動的傳導在新的神經末端形成後便會重新建立。

XEOMIN®品牌沿革

近年來異軍突起的**XEOMIN**®（台灣翻譯為「淨優明®」，俗名為「天使肉毒」），是由德國藥廠MERZ研發，於2009年已獲得加拿大政府正式批准，後於2011年獲得美國FDA認證，商品亦正式定名為**XEOMIN**®。

XEOMIN® 和大家熟知的**BOTOX**®、DYSPORT® 全都是A型肉毒桿菌素（註：Myobloc，bean strain，700 KDa，B型肉毒桿菌素），但是**XEOMIN**®並不像**BOTOX**®、DYSPORT® 有攜帶複合蛋白分子（complex protein）的A型肉毒桿菌素，而是「純淨」的只有純A型肉毒桿菌素（150 KD）的主成分。

XEOMIN®的活性成分，由霍爾株血清（hall strain）A型肉毒桿菌發酵（**BOTOX**®、DYSPORT® 皆是）。由德國Merz公司採用獨家製程（每家都是獨家及專利），並移除複合蛋白，製造純淨**XEOMIN**®。

而且**XEOMIN**® 產品本身不同於**BOTOX**®、DYSPORT®（冷藏2～8℃），它在還原使用前不需要冷藏，未開封可**存放於室溫25℃以下，長達36個**月。因此運送庫存非常方便，這是它臨床使用上的特點之一。

優點方面

XEOMIN® 最大的產品優勢，就是不含複合性蛋白質。對之前施打過 **BOTOX**®、**DYSPORT**®，**可能產生抗體**而無肉毒效果的愛美人士，使用 **XEOMIN**®理論上應該不會出現沒效的問題。

→推測原因是 **BOTOX**®、**DYSPORT**® 都是有添加蛋白分子，當人體感受到 外來物質進入身體時，偶會透過產生抗體來攻擊外來分子的反應（這點 仍在爭論中）。

→如果產生此種反應，此產品可能無法達到預期的療效。據統計，使用於 臉部的肉毒桿菌素約有**0.3～6%**的人會產生抗體。

產品特性

不同肉毒桿菌素產品的擴散效果也會因此有不同。

→例如：**BOTOX**®和**DYSPORT**® 有纏繞在活性分子周圍的複合蛋白，而 **XEOMIN**® 並沒有結合複合蛋白。這樣的蛋白成分使得**DYSPORT**® 和 **BOTOX**® 的擴散較慢，**XEOMIN**® 由於沒有複合蛋白，**擴散的範圍和速 度相對較精準**，作用時間較快。

XEOMIN® 跟 **BOTOX**® 類似，施打後要開始完全作用需要大約一週（7 天），然後效果維持約3-6個月（其實相差不多）。

三、肉毒的作用方式（Mechanism of action）

A型重組複合物的核心蛋白質是150kDa神經毒素，其包括血凝素（hemagglutinin，HA）和非血凝素蛋白（non-toxic nob-hemagglutinin proteins，NTNH），在生理pH值下（hphysiological pH values）解離。

肉毒毒素是150kD的多肽，它由100kD的重（H）鏈和50kD輕（L）鏈通過一個雙硫鏈連接起來。

一旦注射入人體，核心蛋白質與突觸前膜結合，然後穿過膜進入神經，突變體相關蛋白（synaptosomal - associated protein輕鏈）會切25kDa的SNP25，使Ach無法釋放。導致目標肌肉的麻痺和／或無力。

原始神經末梢恢復時，脈衝傳播是逐漸發生。這種作用方式，意味著治療的效果也是注射後漸漸產生作用，並不是永久性的作用

BoNT-A的作用機制，是基於抑制乙烯膽鹼（Acethycolin）從突觸前神經末梢的釋放：這導致局部化學去神經支配（De Maio M 2008）。

→ 此外，BoNT-A還抑制其他神經遞質，如：去甲腎上腺素（noradrenaline），多巴胺（dopamine），血清素（serotonin），γ-氨基丁酸鹽（gamma-amino-butyrate），甘氨酸（glycine）和甲硫氨酸腦肽（methionineencephalin peptide）的釋放。

【專題】2013諾貝爾生理學——囊泡轉運機制

2013年諾貝爾生理學或醫學獎被授予發現**囊泡轉運機制**的詹姆斯＊羅斯曼、蘭迪·謝克曼和托馬斯·聚德霍夫3位科學家。

經過大量研究，科學家們已經建立了一個囊泡膜融合模型。模型中，囊泡與靶位點之間的相互作用由獨特的跨膜蛋白介導。詹姆斯·羅斯曼和同事提出了**SNARE假說**，按照他的假設，每一種運輸囊泡中都有一個特殊的V-SNARE標誌，能夠與目標膜上的T-SNARE相互作用。只有接觸到相互對應的位置。

除了突觸結合蛋白之外，聚德霍夫還發現了一系列**SNARE蛋白成員**（如**SNAP-25**），以及包括RIM蛋白和Munc蛋白在內的、協助囊泡釋放神經遞質的蛋白質。這些發現支持並豐富了羅斯曼的SNARE假說，使得囊泡轉運的分子機制越發明朗起來。

四、肉毒的關鍵因子（Key Factors）

根據2000年1月至2016年1月期間公布的文獻進行了系統的綜述，以確定BoNT-A在美學用途的**安全性**和患者**滿意度**。（Cohen J 2017）

→除了許可證的適應症外，還考慮了其他特殊人群進行討論。

→**中和抗體**和**全身毒性**的潛在影響也得到了解決。

→共審查了364篇論文，其中86篇被發現與人口相關，干預措施和議定書規定的結果。

肉毒桿菌毒素A（BoNT-A）的安全性，在美學上具有豐富的證據，這使其許可在65歲以下的患者，當出現皺眉肌肌肉活動相關的中度至重度皺眉紋的臨時改善。

關於BoNT-A公布的安全數據的最新的審查，重點是富含BoNT-A（ABO **DYSPORT®**），用於治療**皺眉紋**、**面部的其他部位**，以及**疤痕優化**，並檢查關鍵安全問題，如**中和抗體**，**妊娠使用**和**全身毒性**。此外，還解決了患者滿意度的數據。

制定了系統評估方案（systematic review protocol）。在2016年1月，根據系統評價（Systematic Reviews）和薈萃分析指南（Meta-analysis guidelines）的首選報告項目(Liberati A 2009)，搜索了PubMed和Cochrane數據庫，以獲得2000年1月至2016年1月期間發表的文獻，以解決6個關鍵問題。這些問題在任何重要性的排列中都不會被列出，並且在審查過程中每個都受到同等的重視。

關於肉毒的相關關鍵因子，包含：

（一）產品本身的

注入擴散（Spread）、瀰漫擴散（Diffusion）、效能（Efficacy）、起效時間（Onset）、持續時間（Duration）、治療滿意度（Satisfaction）。

（二）操作技術的

製備（Preparation）、注射（Injecting）、注射後照護（Post-Injection Procedure）。

（三）患者本身的

患者遺傳學（Patient Genetics），個體肌肉質量（Muscle Mass）。

起效時間（onset）和**持續時間（duration）**是影響患者**治療滿意（satisfaction）**的重要因素。

→患者希望治療效果盡可能在注射後可見，並儘可能長時間延長重複注射間隔，從而減少不便和成本。

起效時間（onset）和**持續時間（duration）**也是BoNT-A功效的重要標誌物，可能與個體**患者遺傳學（patient genetics）**，**個體肌肉質量（muscle mass）**，**絕對注射單位（absolute units injected）**和**注射技術（injection technique）**有關。

→一般來說，一些患者在治療1天內，意識到皺紋的改善，而且肌肉功能的恢復通常似乎在治療後3至6個月發生。

→有多次治療的患者，可能發現持續時間效果變得更長，從而延長了注射間隔。這種作用可能與肌肉萎縮相關或繼發，減少了可用的BoNT-A靶標的數量，從而降低了劑量要求。

首先要做的一個重要基本功夫是，不同形式的BoNT-A的功效證據的解釋和比較，以及相同形式BoNT-A的不同用途必須謹慎。

至於**如何定義和測量劑量（Dose）或改善效能（Efficacy）**的不同意見（例如，使用什麼尺度，如何衡量尺度效應[活體或照片]，這些測量的時間和許多量表的主觀性質），在臨床研究中標準化的很少。

然而，在使用abobotulinumtoxinA（ABO；**DYSPORT**®；Ipsen Biopharm Limited，Wrexham UK／Galderma LP，Fort Worth，TX）治療的共識會議上

→**Maas**指出：「BoNT-A使用方面與解剖學領域是一致的……表明這些個人偏好對於治療成功並不重要。」（Maas C 2012）

→然而，「**治療成功（treatment success）**」的實際概念不是一個常數，並且是基於觀察到的肌肉動作、質量、面部對稱性調整BoNT-A的劑量，並且所期望的結果被認為對所有的解剖區域都是重要的。

→「凍結（frozen）」肌肉的原始概念，慢慢地被替換為——

「**自然外觀（natural look）**」的願望。

「Not celebrity, just Celine」強調自然，而非只是讓肌肉完全癱瘓除皺。

→然而，調整劑量以達到自然的樣子，會直接影響**起效**和**持續**時間。

「Don't freeze me, DYSPORT me！」
「Keep it Nature, Keep it Real！」

（一）擴散（Spread and Diffusion）

BoNT-A的擴散始終會發生。該產品必須擴散到達目標受體，但是這個過程的程度和臨床上的重要性是有爭議的。（Brodsky MA 2012）

Pickett表示，對不同BoNT-A製劑之間擴散的程度和臨床相關性有混淆。

→可以歸因於從動物研究獲得的信息、對臨床的不正確外推、對不同產品的不適當測試劑量比（dose ratios）、不正確的建議、較大複雜分子量的產品遷移較少、在某些情況下的研究設計差。這些因子都會造成比較上的差異。

→因此，重要的是要**明確術語定義**。例如，注入擴散（Spread）、瀰漫擴散（Diffusion）。

＊**注入擴散（Spread）**被定義為來自原始注射部位（由諸如注射體積的因素引起的）毒素的**物理運動**（physical movement）。
　　對比於玻尿酸：膠體相對固體移動的（**complex viscosity，η**）=>玻尿酸從針裡打進皮膚裡的時候，也就是complex viscosity愈大，醫師在注射時推針會愈難推。

＊**瀰漫擴散（Diffusion）**被定義為注射部位超過原始濃度後毒素（dispersion of toxin）（從較高濃度到較低濃度）的**分散**（朝向受體toward receptors）。
　　對比於玻尿酸：固體相對膠體移動的（**elastic modulus，G′**）=>玻尿酸打進皮膚裡之後的支撐力，elastic modulus愈大，打進皮膚裡愈不容易變形，支撐力愈好。

注入擴散（傳播）是快速　　（fast）和積極（active）的；
但**瀰漫擴散**是緩慢　　　　（slow）和被動（passive）。

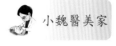

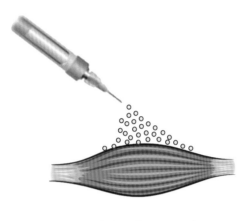

注入擴散 （Spread）

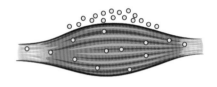

瀰漫擴散 （Diffusion）

1.注入擴散 （Spread）

毒素傳播〔也稱為注入擴散和效應領域（Field of Effect）〕，描述了毒素對遠離注射部位的作用。毒素傳播到鄰近地區，在精準醫學是不適當的，因為它可能會增加不良反應的風險。例如，從頸部或顱面肌肉組織注射，擴散可能會誘發複視（diplopia），發音障礙（dysarthria）或吞嚥困難（dysphagia）。

→雖然不常見，但遠處傳播（distant spread）可能導致意想不到在遠離注射部位的神經肌肉阻斷。例如，將毒素注射在遠處（例如下肢的痙攣狀態）時，可發生系統性肉毒中毒症狀，例如吞嚥困難症狀。

→每種BoNT-A產品的仿單都描述了毒素擴散引起不良反應的潛在風險。但是這種現象的機制仍然是未知的。

BoNT產品中毒素傳播特徵和去神經（denervation）的**潛在差異**，在臨床上是有相關性的。

→雖然研究了BoNT產品中連續擴散潛力的差異，但迄今並沒有證據可以對各種產品進行區分。

→ 一般認為與較低分子量或游離神經毒素相比，**高分子量複合物神經毒素**擴散到相鄰組織中較慢(Dressler D 2012)。

＊理論上，900 kD最大而複雜的ONA **BOTOX**® 應該較少擴散，而僅含有150 kD神經毒素（不含NAP）的INCO **XEOMIN**® 應為擴散性最高，毒素傳播率較高的副作用比例應較高，但未被證明。

＊由於所有BoNT在注射到**生理環境**後立即解離，因此毒素擴散可能與毒素大小（Progenitor toxin size）無關（Wagman J 1953）。

事實上，在用生理鹽水重建的**小瓶**中，也可能會發生解離（Eisele KH 2011）。

這與動物模型的數據一致，其中ABO **DYSPORT**®，INCO **XEOMIN**® 和ONA **BOTOX**® 之間的效應領域（Field of Effect），沒有顯著性差異（Carli L 2009）。

除了藥物製劑之外，臨床劑量（clinical dose）、溶液濃度（solution concentration）、注射技術（injection technique）、注射點類型（type of target site）、肌肉內注射位置（location of injection within the muscle）、肌肉多動水平（level of muscle hyperactivity）、注射深度（depth of injection）和注射後按摩（post-injection massage）的幾個因素被認為是影響連續擴散（contiguous spread）的因素。（Roche N 2008, Pickett A 2009, Brodsky MA 2012）

2.瀰漫擴散（Diffusion）

今天，劑量（dose）對瀰漫擴散（diffusion）的影響被認為是關鍵問題，當劑量而不是單位（units）相等時，已經獲得了不同的BoNT-A產品之間明確的結果等價性（clear equivalence）；每種產品的單位特定於該產品系列，並且在BoNT-A製劑之間是不可互換（not interchangeable）。（Hexsel D 2013）

→醫生必須具備有不同血清型、不同劑量藥劑的工作知識，以及認知每種產品的**不良事件特徵**，以確保可以處置注入擴散（spread-）和瀰漫擴散（diffusion-related）相關的不良事件。（Foster KA 2006, Brodsky MA 2012, Kerscher M 2012）

→仔細注射肉毒素，使用完全針對肌肉神經末梢的**推薦劑量**，提供了可預測和精確的治療效果。（Brodsky MA 2012）

→許多因素可以影響功效（efficacy）、注入擴散（Spread）、瀰漫擴散（Diffusion）的比較數據，包括所用藥物固有的特性，適當的靶標選擇以及注射的稀釋（dilution）、體積（volume）和劑量（doses）。（Carruthers JD 1992, Matarasso A 2009, Brodsky MA 2012, Hexsel D 2013）

與BoNT相關的不良反應通常為3種類型：

1. 與神經毒素**預期作用**有關（例如，局部肌肉過度疲勞）。
2. **臨近擴散**至附近未注射肌肉相關的不良反應。
3. 毒素分布全身的**遠端擴散**。（Foster KA 2006）

BoNT超出目標肌肉的瀰漫擴散（Diffusion）是臨床上所關注的，因為會導致遠離部位的肌肉無力。（Foster KA 2006）

尺寸大小的差異可以解釋在製劑中觀察到的其他差異，其中較低的分子量可能與較長的擴散距離相關。毒素擴散是臨床操作中的關鍵因素，因為**過度擴散（excessive diffusion）**可導致由毒素活性引起的副作用發生（Wohlfarth K 2009）。

之前的觀念中，在BoNT-A製劑中結合不同的複合蛋白質，於擴散中並不產生作用，因為它們在注射後從毒素中快速分離。

→但是，在較大體積的稀釋劑中，注射特定劑量的BoNT-A，增加了其最初區域的擴散，因此增加了過度擴散的風險。

在健康志願者進行雙盲，隨機的研究中，**DYSPORT**® 和**BOTOX**® 注射在足部伸肌腱（EBD；extensor digitorum brevis）肌肉中的**更高稀釋度，增加了鄰近肌肉的收縮**。因此，比起注射部位，有更大的擴散距離。

→在同一研究中，在相同稀釋度的兩種製劑之間，沒有稀釋效應的差異，顯示在擴散特性方面缺乏差異。（Wohlfarth K 2007, Wohlfarth K 2008）

（二）起效時間（Onset）和 持續時間（Duration）

ABO **DYSPORT**® 出現在**前額**和**眼睛周圍**皺紋有最短**起效時間**。

→在一項研究中，20％的患者，在治療24小時內對魚尾紋的深度有影響，100％的患者在5天后報告了改善。（Kassir R 2013）

→第二項研究發現，在注射後隔天有一定程度的肌肉活動。對於額肌，採用客觀測量方法，一項研究發現，典型劑量的中位起效時間為12 至18小時，部分患者6小時後即出現效果。（Nestor MS 2011, Nestor MS 2011）

1. 性別影響

按性別分析結果的研究發現，在同等劑量下，**女性**起效時間（Onset）比男性短，效果持續時間（Duration）更長。（Brandt F 2009, Kane MA 2009, Rubin MG 2009, Schlessinger J 2011, Rappl T 2013）

→這些觀察結果的簡單解釋是，男性肌肉質量和強度的相對增加。（Yamauchi PS 2010, Keaney TC 2013）

→有兩組研究更詳細地比較這些影響。（Kane MA 2009, Rappl T 2013）

＊**Rappl**等人在調查可能影響ABO **DYSPORT**®，ONA **BOTOX**® 和INCO **XEOMIN**® 的起始和持續時間因素時發現，性別是確定持續時間的主要因素，並且是所有3種肉毒皆然。(Rappl T 2013)

＊**Kane**等人使用一系列劑量從50到80單位的ABO來治療皺眉區域。在注射之前，他們分類要注射的肌肉之大小，然後為男性添加另外10單位「溢價（premium）」。（Kane MA 2009）

＊起始時間的中位數為4天，持續時間中位數為107天，符合其他研究的觀察結果。

＊為了比較肌肉質量和性別的潛在影響，該組在第30天評估一定比例的患者。在大多數情況下，毒素達到最大效果。總體而言，儘管量身訂製，但受試女性比男性多（87％vs 65％，P <0.001）。如上所述，患者比例隨著劑量的增加而減少。Kane等人假設這是因為具有較大的肌肉質量，具有較高的反應閾值。

＊他們指出：

· 劑量最高的婦女和男子群體（施打70個單位和80個單位）的總體反映率為80％。

· 中位數（60單位和70單位）的患者總體反應率為88％。

· 作者認為，這更有理由推薦男性提高注射劑量。

患者性別和肌肉尺寸的劑量分配

Totala AbobotulinumtoxinA Dose Allocation by Patient Sex and Muscle Size（Kane MA 2009）

	Standard muscle mass	Larger muscle mass	Largest muscle mass
Women（n＝475）	50 units in 0.4 mL	60 units in 0.5 mL	70 units in 0.6 mL
Men（n＝62）	60 units in 0.5 mL	70 units in 0.6 mL	80 units in 0.7 mL

aAll doses split between 5 equal injections into the procerus, corrugator （two）, and lateral corrugator/orbicularis muscles （two）

所有劑量分成5次，分別進入Procerus，皺眉肌（兩次）和外側皺眉肌／眼輪匝肌（兩次）。

第30天每個劑量組的反應者比例

Proportion of Respondersa in Each Dose Group at Day 30（Kane MA 2009）

	Overall	50 unitsb	60 units	70 units	80 unitsc
Responders, %	85	96	90	81	61

aAs assessed by a blinded evaluator using the 4-point glabellar lines severity scale. bWomen only. cMen only

2. 年齡影響

老化與肌肉質量、力量的進行性喪失,以及神經生理功能的下降有關。

→包括神經肌肉接頭處的活動喪失。(Yamauchi PS 2010)

→較老的皮膚較薄,彈性較差,重力誘導組織下垂更有可能引起皺紋。
(Cheng CM 2007)

→因此,在老年人群中使用ABO **DYSPORT**® 時,必須調整稀釋,給藥和頻
率。

→**確保注射**的毒素到達神經肌肉接頭 — 活動部位,對於優化功效至關重
要。

Gonzalez-Freire等人總結了神經肌肉接頭處與年齡相關變化的一系列研究結
果。

他們得出結論,與老化相關的形態和生理變化,導致運動單位的重塑
(remodeling of the motor unit)和運動神經元數量的減少(a decline of the
number of motor neurons)。

→這最終導致神經和肌肉之間的溝通喪失。然而,這些變化的確切機制和
順序還沒有被闡明。(Gonzalez-Freire M 2014)

皮膚質量變化對ABO **DYSPORT**® 功效的影響也得到了明確的證實。

→**皮膚薄細**:患有深層,永久性皺紋或皮膚細膩,皮膚緊繃,皮膚功能強
烈,具有深層永久性皺紋的皮脂皮膚患者對ONA **BOTOX**® 的反應性,明
顯低於皮膚皺紋和皺紋少的患者。(Sunil SM 2015)

→**膚色**：6項臨床試驗的事後分析顯示，ABO **DYSPORT**® 治療皺眉紋，與白人和有色人種，都具有相似的療效和耐受性。（Taylor SC 2012）

然而，治療後30天的反應率在有色人種較白人大。

有一些臨床試驗的證據雖然有限，但這些臨床試驗已經具體研究了BoNT-A在老年人中的功效，一般來說，被納入臨床研究的老年患者**數量不足**，已對這一臨床研究的起始和持續時間進行有意義的比較亞群。（Cheng CM 2007）

→然而，有臨床試驗的證據表明，年齡增加與較低的反應率有關。（Brandt F 2009, Kane MA 2009, Ho MC 2014, Sunil SM 2015）

所以製造商，標註限制了ABO **DYSPORT**® 對65歲以下成年人的應用，是基於在臨床試驗中老年人群中效力較差的。

Azzalure – Summary of product characteristics（SPC） –（eMC）. https：//www.medicines.org.uk/emc/medicine/21985. Accessed April 22, 2016.

→如果大於此的患者常規接受注射毒素，則需要進一步研究有效性和安全性，並且需要開發治療老年患者的具體方案。

3. 藥物影響

（1）肉毒毒素類型

- -

當以推薦劑量給予時，ABO **DYSPORT**® 和INCO **XEOMIN**® 起效時間
（Onset）是相似的，但是ABO **DYSPORT**® 比ONA **BOTOX**® 具有更快的作
用起效和更長的持續時間（Duration）。

→到最大效應的時間，也存在類似的模式，對於不同的目標肌肉也是有再
　現性的。（Nestor MS 2011, Nestor MS 2011, Yu KC 2012）

關於不同BoNT-A產品的效果發生差異之原因，一直存在分歧意見。

→一些研究小組提出，毒素複合物中ABO **DYSPORT**® 和ONA **BOTOX**® 的
　不同血細胞凝集素和非血凝素（INCO **XEOMIN**® 沒有），可能通過影
　響各種毒素的**滲透特性**，影響活性的發生，但是這個觀點沒有被廣泛認
　同。（Oliveira de Morais O 2012, Hexsel D 2013）
→詳細的研究已經證明，當在小瓶注射之前，將產物重新配製（稀釋）
　在鹽水中時，毒素複合物已解離。（Eisele KH 2011, Costa A 2012, Frevert J
　2015）
→其他研究已經證明了，不同形式的BoNT-A的注入擴散（Spread）、瀰漫
　擴散（Diffusion）程度的差異。
→但是這些作用，現在已經明確歸因於這些研究中使用的不同劑量或相對
　效力。（Kerscher M 2012, McHugh ML 2012, Hexsel D 2013）
　＊擴散對肉毒安全性（safety）和功效（efficacy）的影響在其他地方討
　　論，這裡不再詳細討論。
　＊此外，當根據製造商的說明進行重新配製時，溶液中毒素的濃度不
　　同，可能在確定療效方面造成影響。（Wohlfarth K 2008）

毒素和目標肌肉的類型可以影響活動的開始和持續時間

Type of Toxin and Target Muscle Can Influence Onset and Duration of Activity

	Glabellar		Crow's feet	
	ABO DYSPORT®	ONA BOTOX®	ABO DYSPORT®	ONA BOTOX®
N	59		61	
Dose （per side, given in 3 injections）, units	20	8	30	10
Onset of activity				
Proportion with onset by Day 1, %	28	17	19	13
Proportion with onset by Day 2, %	59	37	54	39
Proportion with onset by Day 5, %	100	100	100	100
Mean difference in time to onset （ABO vs ONA）, days （P-value）	0.52 （<.0001）		0.33 （<.0025）	
Duration of activityb				
Proportion with activity at Month 3, %	98	98	100	98
Proportion with activity at Month 4, %	83	48	65	47
Proportion with activity at Month 5, %	27	2	22	0
Mean difference in duration （ABO vs ONA）, weeks （P-value）	2.5 （<.0001）		1.6 （<.0001）	

ABO **DYSPORT**®, abobotulinumtoxinA; ONA **BOTOX**®,

onabotulinumtoxinA. aTotal number of patients＝93; some patients received treatment

to both areas. bAssessed using photographic 4-point wrinkle severity scales.

（2）中和抗體形成

免疫原性（Immunogenicity）

理論上，肉毒桿菌出現抗體的機率極小。《神經傳導期刊》發現一項研究結果表示，超過一成患者在使用肉毒桿菌素治療疾病後，經檢查發現在體內產生抗體。國外的其他研究也證實，肉毒桿菌素注射產生抗體的機率僅約10%至20%，醫美則因為運用在臉部、腿部等局部的範圍，注射的劑量相對較少，產生抗體的機會大幅下修至約1%至5%。

任何治療性蛋白質，二次治療失敗的一個重要原因，是其**中和抗體**的產生（Kromminga A 2005）。

針對活性毒素的抗體，阻斷其藥理作用，稱為中和（neutralizing）或阻斷（blocking）抗體。臨床效果可能逐漸減弱，最終導致治療失敗。

→**Dressler**報導，在27例由於中和抗體完全治療失敗的患者的研究中，大多數（81%）的患者以前曾經經歷或部分抗體誘導的治療失敗（Dressler D 2002）。

→**Flaminia**研究中，大多數患者在開始肉毒桿菌毒素治療的**40個月內**，發生完全治療失敗（Flaminia P 2016）。

→然而，**Mohammadi**最近的一項研究報導，根據與ABO **DYSPORT**® （2.5±0.3）和ONA **BOTOX**® 相似的0-3量表（0＝無效果，1＝輕度，2＝中度，3＝顯著改善），平均看來臨床好處較高，利大於弊（2.2±0.4），<**2%**的患者出現中和抗體（Mohammadi B 2009）。

→在**Bakheit**另一項調查中，任何研究患者均未檢測到BoNT-A抗體（Bakheit AM 2012）。

關於免疫原性的辯論，包括無毒性梭狀芽胞蛋白（non-toxic clostridia proteins）的作用，統稱為複合蛋白（complexing proteins）或神經毒素相關蛋白（neurotoxin-associated proteins）（NAP）。

（[Yes]贊成，[No]反對）產生中和抗體

→在生理pH條件下，複合蛋白在用鹽水構成後，甚至在注射到組織中之前，幾乎完全[No]從神經毒素中解離出來（Eisele KH 2011, Benecke R 2012）。

→因此，[No]複合蛋白質預期不會改變臨床結果，並且針對複合蛋白產生的特異性抗體被稱為非中和（Non-neutralizing），並且不應影響後續反應。

→然而，有人認為，[Yes]複合蛋白質可能增加細菌蛋白質負荷（bacterial protein load），並且可能潛在地增加中和抗體形成的免疫原性風險（Kukreja R 2009）。

→雖然已經進行了幾項研究，但[No]沒有明確的證據表明NAP可能修飾活性毒素的免疫原性(Atassi MZ 2004, Atassi MZ 2006, Bigalke H 2009)。

→然而，[Yes]這些研究顯示**類毒素複合物**比純化的神經毒素更具免疫原性。考慮到類毒素和毒素之間可能發生交叉反應，這可能是相關的。

毒素組成的免疫原性是相關的，因為**類毒素**（toxoid）組成（即無活性神經毒素（inactive neurotoxin），儘管不是通過甲醛（formaldehyde）滅活）在一些商業性肉毒毒素產品中。

→ONA **BOTOX**®在BoNT-A製劑中是獨一無二的，其通過涉及氯化鈉（sodium chloride）的方法進行真空乾燥（vacuum-dried），其可能對神經毒素活性具有不利影響(Frevert J 2010)，[Yes]並且可能反應產生較多的類毒素（無活性神經毒素）。

→據大量數據回顧報告，儘管上述考慮含量，[No]ONA **BOTOX**®的免疫原性風險在臨床實踐中是非常低的（Jankovic J 2004）。

（[No]↑增加抗體形成，[No]↓減少抗體形成）

肉毒桿菌毒素是一種蛋白質，因此它可能被身體視為外源，導致免疫系統提高針對分子的中和抗體產生（Neutralizing Antibody Formation），並導致功效喪失。

與任何治療性蛋白質一樣，BoNT-A可能被宿主視為外源的蛋白質，因此[Yes]具有**誘導**至少某種類型的免疫反應的潛力，特別是在**重複施用**時。

→[Yes]由於[1]↑**高劑量**和[2]↑**高施用頻率**以及存在於小瓶中的[3]↑**高濃度**的無活性BoNT-A，ONA **BOTOX**®首次用於治療用途（例如，用於治療斜頸（torticollis）或頸部肌張力障礙（cervical dystonia））時觀察到這種作用。（Borodic G 2007, Lange O 2009）

→在90年代後期進行的製程變更，提高了ONA **BOTOX**®的純度，減少了必須投放的毒素和毒素相關蛋白質所需的量，並將形成中和抗體的發生率降低到——

0（治療皺眉紋（glabellar lines）和神經源性膀胱過度活動症（neurogenic overactive bladder））和

0.3％（頸椎肌張力障礙（cervical dystonia）和中風後痙攣（post-stroke spasticity））。

（Pickett A 2009, Naumann M 2010, Stengel G 2011, Torres S 2014）

複合蛋白（complexing Proteins）

→ABO **DYSPORT**® 由150kDa神經毒素和一組複合蛋白組成。（Frevert J 2015）

→[Yes]複合蛋白質（由幾种血凝集素HA和非毒素非凝集素蛋白NTNH組成）可能會增加**中和抗體**形成的風險，這可能會導致二次治療失敗，特別是需要頻繁注射時。（Wang L 2014, Frevert J 2015）

→**然而，這在臨床上沒有在任何試驗中證明。**

→[No]雖然核心神經毒素最初與複合蛋白（如ABO **DYSPORT**® 和ONA **BOTOX**®，但INCO沒有）結合成複合物，但是當複合物遇到**生理溶液的中性pH**時，複合物在小瓶中稀釋後幾乎立即解離。

[No]接受BoNT-A醫美治療的患者總是[1↓]接受非常小的劑量，[2↓]治療之間的間隔更長。（Lawrence I 2009）

這使這些患者總體發展中和抗體的風險低得多。

→事實上，在文獻中已經報導了僅有**11例**中和抗體在美學治療之後產生的案例。（Borodic G 2006, Dressler D 2010, Stengel G 2011, Torres S 2014）

→只有中和抗體是重要的；患者可能會發展出與BoNT-A不同的抗體，但只有中和抗體與臨床上相關，導致臨床上的失效。(Borodic G 2007)

[No]在ABO **DYSPORT**® 的情況，到目前為止進行的單個III期研究，未能證實在治療皺眉紋期間，中和抗體形成的任何情況。（Brandt F 2009, Lawrence I 2009, Monheit GD 2009, Moy R 2009）

雖然在醫美治療後中和抗體形成的風險非常小，但隨著患者要求在年齡[4↑]**較小的年齡**（和幾個不同的目標肌肉）進行治療，就有可能增加抗體形成的累積風險。

→因此，臨床醫生應該警惕這種可能性，並嘗試確保避免這種結果的方法，例如通過最大化治療之間的時間。（Borodic G 2006, Lawrence I 2009, Lee SH 2013, Torres S 2014）

除了存在複合蛋白外，^{Yes}許多其他因素可能會影響BoNT-A的免疫原性。
（Frevert J 2015）

→這些因素包括與^{5↑}**產品有關的因素**，如製造過程——

  ＊導致形成非活性毒素蛋白質含量（inactive toxin protein content）

  ＊抗原蛋白負載（antigenic protein load）

→^{6↑}**治療相關因素**

  ＊總體毒素劑量（overall toxin dose）

  ＊集中注射（booster injections）

  ＊事先接觸（prior exposure）

最重要的因素，被認為是每個有效劑量的無活性毒素**蛋白質負荷**（inactive toxin protein load）和**暴露頻率**（frequency of exposure）。（Greene P 1994, Dressler D 2004, Herrmann J 2004, Lange O 2009, Torres S 2014）

→然而，對BoNT-A引起臨床耐藥所需的抗體滴度（antibody titers）尚未定義，患者之間的免疫反應也可能不同。（Frevert J 2015）

→報告的中和抗體產生的流行率（prevalence）和治療失敗是多變的。可能歸因於研究設計（study design），給藥劑量（administered doses），適應症（indication），測定方法（assay methodology），血清樣品測試時間（timing of serum sample testing）和治療史（treatment history）（Benecke R 2012），而在一些患者中，抗體的形成可能沒有有效的治療效果。

一些患者對BoNT-A治療反應不好。這可能是由於**劑量不足**，儲存或準備期間的**藥物處理錯誤**，解剖學問題，甚至**藥物施用**的問題（例如，不能接近的肌肉或注入到錯誤的肌肉中）。（Dressler D 2010, Benecke R 2012）

→隨著時間的推移，治療結果預期越來越多的患者也可能失望。

→在某些情況下，「治療假期（treatment holiday）」可能恢復對BoNT-A的反應水平。

在頸椎肌張力障礙患者中，建議停藥12至18個月，可優化無反應者的治療。（Marion MH 2016）

目前臨床上使用**BOTOX**®、**DYSPORT**® 十年以上的醫學美容醫師證實，尚未會因產品本身設計帶有的複合蛋白分子而產生抗體進而失效的問題。可能較無效的原因為：

省錢減量使用

（臨床上注射多次後，因為肌肉長時被抑制萎縮，所需注射劑量相對會減少，維持時間也越長）

保存出問題

（**BOTOX**®、**DYSPORT**® 需冷藏於2-8℃，**XEOMIN**® 未開封可以存放於室溫20～25℃，長達36個月）

並不是所有阻止BoNT-A的**免疫反應治療**，都在臨床上有效。（Frevert J 2015）

→只有以完全中和生物活性的方式，結合BoNT-A的抗體，將會減弱其在神經肌肉接頭處的作用。（Frevert J 2015）

→因此，**抗體的形成**可能對治療沒有影響，或者可能導致對BoNT-A的部分或完全的臨床無反應性。（Kranz G 2008, Lange O 2009）

→此外，患者的預期，可能導致主觀對先前有效的BoNT-A治療無反應。（Stephan F 2014）

在治療適應症中更常見中和抗體的產生，其中**劑量**傾向於更大的地位。（Borodic G 2006, Dressler D 2006, Lee SK 2007, Dressler D 2010, Stengel G 2011, Torres S 2014, Frevert J 2015）

→在美學領域中使用**較低**劑量的BoNT-A製劑，但是隨著治療指徵需要重複注射，個體可能被認為具有形成中和抗體和繼發性無反應性的風險。
（Borodic G 2006, Dressler D 2006, Lee SK 2007, Dressler D 2010, Stengel G 2011, Torres S 2014, Frevert J 2015）

→數據已經表明複合蛋白，特別是血凝素（hemagglutinins）可以觸發對BoNT-A的免疫反應，然而一些數據是有問題的。
（Borodic G 2006, Dressler D 2006, Lee SK 2007, Dressler D 2010, Stengel G 2011, Torres S 2014, Frevert J 2015）

→該領域的出版文獻相對稀少，需要更多數據來確定，在美學領域的抵抗力的真實流行程度以及中和抗體的性質。(Torres S 2014)

對於接受ABO **DYSPORT**® 美容治療的患者，臨床研究發現沒有證實中和抗體的證據。

（Brandt F 2009, Monheit GD 2009, Moy R 2009）

→**Lawrence**所作ABO **DYSPORT**®臨床試驗的大型（n＝1554）綜合評估，僅發現使用放射免疫沉澱 － 競爭測定方案（radioimmunoprecipitation-competition assay protocol）對中和抗體具有陽性篩選結果的5名患者。

（Lawrence I 2009）

→然而，再通過使用金標準小鼠保護試驗（the gold standard mouse protection assay）進行額外測試，沒有一個陽性結果得到證實──

＊這是一種高度特異性的生物測定法，給一個小鼠死亡劑量的BoNT，通過確定血清阻斷死亡的能力（ability of sera to prevent the death of mice）。

（Lawrence I 2009）

＊此外，所有篩查結果陽性的患者，均對臨床治療有反應。

這些研究結果表明，**重複注射**ABO **DYSPORT**®與**推薦劑量**，並沒有在研究設置下誘導中和抗體的形成，並且證明二次無反應的風險有限。（Rzany B 2010）

已有7個病例研究報導了11例患者在注射用於美容後（單獨使用或與其他BoNT-A製劑）的ABO **DYSPORT**® 中和抗體的產生。

Dressler等報導了2例患者，其ABO **DYSPORT**® 中和抗體在注射後產生，導致二次治療失敗。（Dressler D 2010），2例的細節總結在下表中。

Table

Case Studies of Patients Developing Neutralizing Antibodies After ABO **DYSPORT**®
Injection for Aesthetic Use

Parameter	Patients receiving ABO **DYSPORT**®	
	Case 1	Case 2
Aesthetic indication	Hyperkinetic skin lines in the glabellar, forehead, and bilateral periocular regions	Hyperkinetic skin lines in the glabellar, and forehead regions
Previous BoNT-A therapy	None	None
Average interinjection intervals, days	87	119
Minimal interinjection intervals, days	14	15
ABO single dose size, mean, MU	82	68
Occurrence of complete secondary treatment failure	After：10 injection series. Treatment time：25 months	After：5 injection series. Treatment time：16 months
Mouse HDA（mU/mL） （at time of complete secondary treatment failure）	7.0	>10

ABO **DYSPORT**®, abobotulinumtoxinA; HDA, hemidiaphragm assay. aThe minimal interinjection intervals in these 2 cases were 14 and 15 days, thus constituting "booster injections ⌟ currently not recommended.

Torres等報導了5例病例研究，其中BoNT-A（包括ABO **DYSPORT**®）的中和抗體，在注射後產生，導致二次治療失敗。（Torres S 2014）

→本報告中的患者，在多次注射期間，都對BoNT-A的臨床**反應下降**。

→他們發生了二次治療失敗，並使用小鼠膈神經膜切片測定法（mouse phrenic nerve hemidiaphragm assay）測定了中和抗體陽性，表明治療失敗的原因是BoNT-A的中和抗體。

Table

Five Case Studies of Patients Developing Neutralizing Antibodies After Botulinum Toxin Type A Injection for Aesthetic Use

Parameter	Patients receiving BoNT-A				
	1	2	3	4	5
Aesthetic indication	Upper face	Various sites over face	Hyperhidrosis	Various sites over face	Upper face
BoNT-A therapy	ONA **BOTOX**® No response so switched to ABO **DYSPORT**® after 1 treatment	ABO **DYSPORT**® for 13 months Declining response so switched to ONA **BOTOX**® for 3 months, then ABO **DYSPORT**® for 4 weeks, then INCO **XEOMIN**® after 9 months	3 treatments of ONA **BOTOX**® with declining duration of treatment effect （from 5 to 2-3 months） Switched to ABO **DYSPORT**® （duration of effect 1.5 months）	ABO **DYSPORT**® over period of 8 years	3 treatments of ABO **DYSPORT**® over 2 years
Duration of treatment effect	3 months	～13 months	Declining from 5 months to 1.5 months	For first 3 years： 6-8 months Thereafter <3 months	Initially 6 months, then 2 months and then no response
Presence of neutralizing antibodies confirmed mouse phrenic nerve HDA	Yes （low positive）	Yes	Yes	Yes （high positive）	Yes （high positive）

ABO **DYSPORT**®, abobotulinumtoxinA; HDA, hemidiaphragm assay; INCO **XEOMIN**®, incobotulinumtoxinA; ONA **BOTOX**®, onabotulinumtoxinA.

在文獻中沒有報導大量患者對BoNT-A產品的美學用途產生抗體，強烈地表明BoNT-A抗體產生是不太可能的。（Wortzman MS 2009）

（3）肉毒維持時間

有一個大型研究，統合14個研究，共3262個病人，平均作用（維持）時間，**XEOMIN**®（incoBoNT）121天、**BOTOX**®（onaBoNT）116天、**DYSPORT**®（aboBoNT）115天。三個其實都差不多。

因此，不同的肉毒桿菌素產品讓專業有經驗的醫師使用，針對同一症狀的治療，不同產品施打的點和深度也會稍微不同。

當轉換不同的產品時還需要**注射位置**及**劑量**的改變。

台灣常用肉毒桿菌素比較 　小魏醫美家

名稱	BOTOX® 保妥適 (onaBoNT)	DYSPORT® 儷緻 (aboBoNT)	XEOMIN® 淨優明 (incoBoNT)
研發地	美國	英國	德國
單位	50U / 100U	300U / 500U	50U / 100U
保存方式	冷藏於2-8℃	冷藏於2-8℃	室溫20~25℃
賦形劑	NaCl、serum albumin	gelatin phosphate	human serum albumin
平均維持時間	116天	115天	121天

終歸一句話，找到有專業經驗、對產品深入了解、有醫德的醫師，才能幫妳／你做出最佳診斷及治療。

（三）效能（Efficacy）

比較ABO **DYSPORT**®（以及其他形式的BoNT-A）的起效時間（onset）和持續時間（ duration），無論是從現實生活研究（real life studies）還是臨床試驗（clinical trials），都沒有官方訂定的功效定義和有效量表。

功效的監管定義，來自美國食品和藥物管理局（FDA）發布的「工業指導意見稿（draft Guidance to Industry）」，該報告提出了關於肉毒桿菌毒素藥物產品在臨床試驗設計的建議。

→**FDA建議**：「**最大收縮時的測量應用於評估肉毒毒素藥物產品，來顯示麻痺效應的功效**」，並且——

「**成功應被定義為……從基線開始有兩級以上的改善，**

『調查員評估（investigator's assessment）』和『受試者自我評估（subject's self-assessment）』同時確認，以確保臨床意義」。

＊針對FDA對功效的定義提出了一些問題。許多治療臨床醫生認為，如此嚴格和強烈的定義可能會鼓勵**過度治療**，從而導致今天大多數患者希望避免的「冷凍」外觀。

→在出版建議草案時，**Glogau**等人建議，需要考慮到每個治療肌肉的功能和癱瘓對臉部外觀的影響，而不是所提出的「**一刀切（one size fits all）**」的方法，存在有更多的細微差別。（Glogau R 2015）

→**Bonaparte**等人普遍同意這種觀點。（Bonaparte JP 2013）

在他們對3種BoNT-A製劑的安全性和有效性研究的系統評價（systematic review）和薈萃分析（meta-analysis）中發現，大多數研究將面部皺紋量表（Facial Wrinkle Scale）減少了2分，作為**積極效果**（positive effect）；然而，一些研究利用減少1分作為**效應**的定義。

＊這些研究是ABO **DYSPORT**®（abobotulinumtoxinA）、INCO **XEOMIN**®（incobotulinumtoxinA）和ONA **BOTOX**®（onabotulinumtoxinA）的隨機（randomized），主動（active-）或安慰劑（placebo-）對照試驗（controlled trials）。

1.評分量表（Rating Scales）

已經有大師們開發了一些評估量表，用於測量BoNT-A在美學治療中的功效；然而，只有少數這些已被**充分驗證**（**看κ值**）。下表顯示了比較量表。

Table

評估肉毒桿菌毒素美觀效果的量表比較

Study/ studies	Name	Description	Intra-observer reliability (κ)	Inter- observer reliability (κ)	Validated
(Nestor MS 2011)	Frontalis Activity Measurement Standard	Based on percentage change in frontalis height at maximum frown and at rest Partial effect＝20% difference Full effect＝33% Complete effect＝66% difference			No
(Nestor MS 2011)	Frontalis Rating Scale	Modified form of glabellar line severity scale with 4 points instead of 5： 0＝no wrinkles 1＝mild wrinkles 2＝moderate wrinkles 3＝severe wrinkles			Yes

Study/ studies	Name	Description	Intra-observer reliability (κ)	Inter- observer reliability (κ)	Validated
(Kane MA 2012)	Investigator's Global Assessment of Lateral Canthal Lines	5-point scale 0＝no wrinkles 1＝minimal wrinkles, with/without minimal etching within 1.5 cm radius of lateral canthus 2＝mild wrinkles, with minimal etching in 1.5-2.5 cm radius of lateral canthus 3＝moderately deep wrinkles with moderate etching within 1.5-2.5 cm radius of lateral canthus 4＝severe wrinkles, very long wrinkles, which may be deeply etched extending in a ≥2.5 cm radius of the lateral canthus			Yes
(Carruthers A 2010)	Wrinkle Severity Scalesa	5-point scale with photo guide	0.85-0.95		Yes
(Hund T 2006)	Clinical severity scales for lateral canthal lines	Two 4-point scales （0＝no wrinkles to 3＝severe wrinkles）, 1 for use at rest and 1 for use at maximum smile	0.47-0.86 at rest 0.62-0.81 at max. smile	0.60 at rest 0.58 at max. smile	No
(Honeck P 2003, Conkling N 2012)	Facial Wrinkle Scale	4-point ordinal scale ranging from no wrinkling to severe wrinkling	0.57-0.91	0.194-0.62	No
(Conkling N 2012)	Subject Global Assessment	Percentage measure assessing change in appearance from −100% to +100%		0.443-0.992	No

aIndividual scales for brow positioning, lateral canthal lines, marionette lines, and forehead lines.

FDA工業指導方針草案，非常重視可用於測量臨床試驗中，醫師和患者報告結果明確且可靠的工具。

→這些應基於對目標人群進行的定性研究，並應包括評估藥物對該人群重要的結果影響。

→量表應該是**有順序的**（ordinal）、**靜態的**（static），並且包括有限數量的不同和臨床上有意義的類別（categories）或等級（grades）。

→FDA建議為調查人員和患者提供一個影像數字指南（photonumeric guide）。

→對於比較BoNT-A療效的評估量表，結果必須是**可重現的**，無論是由同一人（觀察者內相關性）還是由不同人評估觀察者之間的相關。

→**Kappa**（κ）**值用於確定**-1（無協議）和+1（絕對一致）之間的一致性和範圍。

一般來說， κ <0.20表示差的一致性，

κ = 0.21～0.40表示公平一致，

κ = 0.41～0.60表示中度一致，

κ =0.61～0.80表示良好一致，

κ = 0.81～1.00表示幾乎完美一致。

Wrinkle Severity Scales

Carruthers和**Carruthers**後來發展了與其他面部老化專家可以相結合的皺紋量表，已經過驗證是客觀和定量的評估方法。

→這些是基於數位模擬照片的5點影像數字尺度，包括由老化引起的逐步解剖變化。

→從100人的照片數據庫中選出50個，基於每個代表性量表的質量和相等分布。

→電腦隨機選擇每個目標區域的35個圖像，由國際皮膚科，眼科和整形和皮膚病學專家組進行評估和驗證。

→這種規模與類似尺度之間的重要區別（如額頭評估量表 – FRS）是有一個中間點。

- 作者指出：「明確確定了對老化等連續過程中心和終點的分級。（The grading of a continuous process such as aging is facilitated if there are clearly identified center and endpoints to the scale）」

Investigator's Global Assessment of Lateral Canthal Lines

Kane等人描述的評估魚尾紋的量表，是由一組專家在2至3年的時間內開發的。使用451名患者而不是照片，評估了BoNT-A局部凝膠（RT001）的II期臨床研究中的**評估者**可靠性。17名研究者中的每一名都對每個模型進行了一次評估，所有研究者對所有患者進行了評級。（Kane MA 2012）

FRS， Frontalis Rating Scale

Honeck等人根據28名皮膚科醫師的共識，開發了0到3分，他們被要求在連續2天內評估了50張眉間（glabellar）皺紋線的照片。評分顯示良好的觀察者間和觀察者間的重現性。（Honeck P 2003）（Facial Wrinkle Scale）

與FWS一樣，**Nestor**和**Ablon**開發了額肌活動測量標準，以更詳細地評估BoNT-A產品治療對面部區域的影響。（Nestor MS 2011, Michaels BM 2012）

FMS，Frontalis Activity Measurement Standard

→FMS旨在通過測量最大高度和靜止時，額肌高度之間的差異，來直接和客觀地量化額肌肌肉活動的變化。

→尺度具有測量BoNT-A局部領域的優點，並沒有需要小型測試（Minor's test），這通常用於展示BoNT-A在正面局部和／或比較效果。

→FMS評估依賴於使用相同的相機和照明條件，產生的一系列照片。照片之間的休息時間為1分鐘。

→使用額葉肌肉也允許在單個患者上進行雙側（分裂）比較不同的毒素、劑量和技術。

2.劑量等效（Equivalence）

（1）效力（Potency）

雖然各種BoNT-A產品在NAP（neurotoxin-associated proteins）組成上不同，但是150 kD神經毒素是最終抑制乙烯膽鹼釋放的活性部分。由於毒素部分在所有藥物製劑中相同，因此效力的差異取決於**可用的活性毒素的量**。

→要**完全活化**，單鏈150 kD神經毒素必須從蛋白質複合物中切割出來。

→所有商業上可購得的BoNT-A製劑均由150 KD神經毒素與NAP組成，INCO **XEOMIN**® 除外，其中僅含有150 kD的神經毒素。

然而，**製造過程**可能會影響活性毒素的量；

→例如，添加以增加切割的活性毒素百分比的酶，可能使神經毒性蛋白本身變性。

治療上可用的BoNT-A製劑含有不同百分比的無活性毒素，其有助於整體蛋白質負載而不會失效。因此，效力以生物單位表示。

→效力與實現中位致死劑量（LD50）單位所需的毒素數量（含蛋白質含量的ng），即150 kD神經毒素（包括NAP）有關。（McLellan K 1996, Sesardic D 2003）

→然而，許多**因素影響**小鼠LD50生物測定，包括小鼠種株（mouse strain），性別（sex），年齡（age），注射量（volume）和注射途徑（route of injection），注射後檢查時間（time of examination after injection），以及遞送載體（delivery vehicle）或重構緩衝液（reconstituting buffer）。

→此外，BoNT產品的LD50單位在製造商之間並沒有標準化。

→由於缺乏LD50生物測定協調，BoNT製劑的單位效能不容易比較的。

因此，醫生應該考慮，雖然活性分子是A型肉毒桿菌神經毒素，不同形式的複合物可以影響效力和治療方案。

→重要的是要考慮到這一審查僅基於小型非對照臨床試驗（不是head-to-head比較），產品的任何切換都應基於批准的產品信息（approved product information）。

→更重要的是，醫生如果不正確地建立劑量等效性（dose equivalence），可能會使患者處於危險之中。

→儘管與生物單位相關的困難，在臨床研究中已經對含有BoNT-A的產品進行了最有意義的比較。

（2）劑量等效（Equivalence）

雖然確定比較效能上有一些困難，但應建立劑量的當量比。

→識別轉換因子（conversion factor）的原因是——

醫療（患者可能需要轉用另一種製劑）以及

經濟（不正確的轉換因子可能負面影響治療的實際成本）的考量，

因為每種BoNT-A製劑含有不同量的 150kD毒素（和NAPs）／ LD50單位（表）。

Table Botulinum toxin products and protein content/100 units

（Benecke R 2005, Frevert J 2015）

Nonproprietary Name	150-kD Protein Content （ng）	Total Protein （150 kD and NAP） Content （ng）	Dose Equivalent Units
Onabotulinumtoxin A **BOTOX**®	0.73	5.00	1
Abobotulinumtoxin A **DYSPORT**®	0.65	0.87	2–3
Incobotulinumtoxin A **XEOMIN**®	0.44	0.44	1

NAP＝nontoxic accessory proteins.

當使用1：1或1：1.2的臨床轉化率時，INCO **XEOMIN**® 顯示與ONA **BOTOX**® 一樣有效，具有可比較的不良事件特徵（Benecke R 2005, Jost WH 2005, Roggenkamper P 2006, Park J 2011, Zoons E 2012）。

→臨床資料與臨床前比較數據一致(Dressler D 2007, Dressler D 2012)。
→因此，臨床和臨床前分析表明，ONA **BOTOX**® 和INCO **XEOMIN**® 之間的臨床轉換率非常接近1：1。

相比之下，ONA **BOTOX**®（或INCO **XEOMIN**®，因此）與ABO **DYSPORT**® 之間的轉換比例就有著激烈討論。

→即使最常引用的轉換比例是1：3或1：4（Aoki KR 2006），它們的範圍從1：1（Wohlfarth K 1997）到高達1：11（Marchetti A 2005）都有被報導過。
→這種廣泛的轉化率範圍，反映了現實生活中的臨床實踐；治療醫師是根據每個患者的疾病狀況、損傷模式和治療目標，來確定要治療的肌肉數量和經驗劑量。

儘管各種BoNT產品在NAP組成方面不同，毒素最終皆抑制乙烯膽鹼釋放。

→由於每種產品均建立了活性毒素含量，因此需要定義**轉化率**。
更精確的轉化率估計還應確保開發可比較的臨床資料，了解當前可用的
BoNT-A製劑的功效和安全性，因為它們具有定性和定量相似的臨床效力
和等效劑量的副作用。

大量研究報告了ONA **BOTOX**® ：ABO **DYSPORT**® 轉換因子為1：3。

→為了建立適當的**轉換因子**，我們使用轉換因子> 1：3評估了研究中的療效
和安全性。

→**小於**使用ONA **BOTOX**® ：ABO **DYSPORT**® 轉換因子≤1：3的所有相關研
究報告了臨床等價性（Marion MH 1995, Whurr R 1995, Odergren T 1998, Shin
JH 2009, Kollewe K 2010）。

→**等於**此外，當轉換因子接近1：3時，ABO **DYSPORT**® 顯示更高的療效
（Wohlfarth K 2008, Mohammadi B 2009, Rystedt A 2012），表明轉換因子低
於等於1：3。

→**大於**更有趣的是轉化率高於1：3的研究。在這些研究中，顯而易見，與
ONA **BOTOX**® 相比，ABO **DYSPORT**® 具有更高的療效和更長的作用時
間，但是表現出轉化率> 1：3決定了ABO **DYSPORT**® 過量（Nussgens Z
1997, Sampaio C 1997, Tidswell P 2001, Ranoux D 2002, Bentivoglio AR 2012）。

這些臨床資料與臨床前資料一致，其中ONA **BOTOX**® / ABO **DYSPORT**®的
轉化率為1：3或更低（Hambleton P 1994, Van den Bergh PYK 1998）。

→ONA **BOTOX**® ：ABO **DYSPORT**® 在臨床實踐中經驗性地採用1：4或更高
的轉化率，然後才能獲得大量臨床資料。

→目前的數據表明，1：3甚至更低的轉化率可能適用於治療痙攣，頸肌張
力障礙和眼瞼痙攣或半面痙攣。

→更高的轉化率可能導致過度的ABO **DYSPORT**® 劑量以及將ABO **DYSPORT**® 切換到ONA **BOTOX**®時不良事件或劑量不足的可能性增加。

Table

Studies using an ONA **BOTOX**® ：ABO **DYSPORT**® conversion factor ≤1：3.

Authors	Study	Authors' Conclusions
(Marion MH 1995)	Open study of 74 pts, 37 with idiopathic blepharospasm and 37 with hemifacial spasm switched from ONA to ABO 1：3 ratio	Correct ONA：ABO conversion ratio is 1：3
(Whurr R 1995)	Open study 16 pts with spasmodic dysphonia	Correct conversion ratio ONA：ABO is 1：3
(Sampaio C 1997)	RCT 91 pts with blepharospasm and hemifacial conversion ratio ONA：ABO 1：4	ABO groups, in the conditions applied in the included trials, tend to have a higher efficacy, longer duration of action, and higher frequency of adverse reactions; A 1：4 ONA：ABO ratio is too high
(Odergren T 1998)	RCT of 73 patients with CD ABO（n＝38）vs. ONA（n＝35）Conversion ratio 3：1	Efficacy and tolerability equivalent with an ABO：ONA ratio of 3：1
(Tidswell P 2001)	Open study 35 pts with CD switched from ONA to ABO conversion ratio 1：5	1：5 is too high; proposed 1：3. The authors report with insufficient efficacy and duration of action with ONA, suggesting that an ONA：ABO conversion ratio of 1：3 is more appropriate
(Ranoux D 2002)	RCT, cross-over 54 pts with CD Conversion ratio ABO：ONA 3：1 or 4：1	Both with a ratio 3：1 and 4：1, they observed a higher and longer clinical efficacy of ABO vs. ONA with a higher risk of side effects; This suggests that the 3：1 conversion ratio is more appropriate

Authors	Study	Authors' Conclusions
(Poewe W 2002)	RCT 54 pts with CD Conversion ratio ABO：ONA 3：1 or 4：1	The author comment on Ranoux's paper confirming its conclusions： the ABO：ONA conversion ratio should not be >3：1
(Sampaio C 2004)	Systematic review Blepharospasm CD/ hemifacial spasm	The ABO：ONA 4：1 ratio is clearly too high, and even with a ratio of 3：1, ABO continues to have a longer duration of action
(Wohlfarth K 2008)	79 healthy volunteers	ABO：ONA ratio 3：1 too high Equivalence ratio of 1.57：1 （95% CI： 0.77–3.2） To investigate the 2： 1 ratio
(Van den Bergh PYK 1998)	Open study 10 pts with DC 10 pts with blepharospasm switched to ABO from ONA Conversion ratio 2.36：1	Dose equivalence ABO：ONA＝2.36： 1
(Rosales RL 2006)	Review of preclinical and clinical studies	Appropriate conversion ratio ABO：ONA equal to 2.5–3：1 or lower
(Wohlfarth K 2009)te>	Review of clinical studies	Dose equivalence ABO：ONA 2–2.5： 1. Conversion ratios ≥4：1 should be considered overdosed for ABO
(Shin JH 2009)	Open study of 48 pts with blepharospasm switched to ABO from ONA; conversion ratio 2.5：1	Clinical and safety equivalence
(Mohammadi B 2009)	Retrospective study 137 patients with spasticity, conversion ratio ABO：ONA 2 to 3：1	Clinical and safety equivalence

Authors	Study	Authors' Conclusions
(Kollewe K 2010)	97 pts with hemifacial spasm treated with ABO or ONA	Clinical and safety equivalence at conversion ratio of 2.56 : 1
(Keren-Capelovitch T 2010)	16 pts with cerebral spastic palsy treated with ONA 12 U/kg or ABO 30 U/kg（ratio 1：2.5）	Clinical equivalence
(Rystedt A 2012)	Retrospective study of 75 pts with CD	1.7 : 1 is the more appropriate ABO : ONA conversion ratio
(Brockmann K 2012)	Retrospective study of 51 pts with Cervical CD	Dose equivalence ABO : ONA 3 : 1; Conversion ratios ≥ of 4 : 1 or superior should be considered overdosed for ABO
(Kollewe K 2015)	Retrospective study of 288 patients with blepharospasm Conversion ratio ONA : ABO 1 : 2.3	No significant differences with regard to safety or efficacy
(Rystedt A 2015)	RCT compares ONA and ABO in two different dose conversion ratios （1：3 and 1：1.7） when diluted to the same concentration （100 U/mL）for 46 patients with CD	No significant differences were seen between ONA and ABO（1：1.7）; At week 12, a statistically significant difference in efficacy between ONA and ABO（1：3）was observed, suggesting a shorter duration of effect for ONA when this ratio（low dose）was used
(Yun JY 2015)	103 patients with CD in a two-period crossover RCT	With regard to safety and efficacy, ABO was not inferior to ONA in patients with CD at a conversion factor of 2.5 : 1

ABO **DYSPORT**® = abobotulinumtoxinA, CD = cervical dystonia; CI = confidence interval; ONA **BOTOX**® = onabotulinumtoxin A; RCT = randomized controlled trial.

眾所周知的，不同的BoNT-A產品的等效單位，沒有等效的效能。

雖然所有形式的A型毒素具有相同的作用機制，但是小瓶中的活性150 kDa分子的理論數目，隨製成品而變化，並且該變化可能與LD50具有相對關係（殺死50%中位數測試人口的致死劑量）。

→例如LD50可以以每毫升為單位表示，並且對於每個公司產品是**專有的**，定義了這些產品的效能單位。

因此，僅通過比較個體患者或不同患者群體的雙側肌肉活動，或通過比較注射點周圍形成的BoNT活性（如擴散量**diffusion halos**）的其他標記物，才能**間接**進行劑量等效比較。

→這種臨床分界區域，通常是圓形或橢圓形，取決於注射角度。

→標記毒素的作用區域（field of effect）。在這一領域內，缺乏自主性的肌肉收縮和汗腺活動；事實上，**沒有出汗**可以用來證明使用**小調測驗**（**Minor's test**）的效果大小。

→**Hexsel**等人已經證明了其前額模型肌肉弱化光環（muscle weakening halos）和出汗暈圈（sweating halos）之間的關係。（Hexsel D 2008, Hexsel D 2012, Hexsel D 2013）

→由於臉部含有如此多的肌肉，注射部位可能與非目標肌肉重疊，特別是如果肉毒擴散比預期更廣泛。相反地，如果使用的毒素不會產生與另一種毒素相同的效果，患者可能無法達到預期的效果。

一項隨機分析的面部研究，調查了ABO **DYSPORT**®與ONA **BOTOX**®的2個劑量當量比的影響差異。（Hexsel D 2012）

→患者在面部一側接受總共100個單位/ mL 的總劑量ONA **BOTOX**®至額區，並隨機分組200單位/ mL或250單位/ mL ABO **DYSPORT**®到另一側的額區（2：1或2.5：1劑量比）。

→他們也被隨機分配以確定面部的哪一側將被ONA **BOTOX**® 治療。

→效應領域（fields of effect）是使用臨床和照相評估，以及次要檢查和肌電圖來測量的。

→所有患者均接受0.02毫升的單次注射，深度為3毫米，在臉部兩側完全相同。

→對於200單位/ mL的ABO **DYSPORT**®，效應範圍與100單位/ mL的ONA **BOTOX**®相當，但治療後28天和112天接受250單位/ mL ABO **DYSPORT**® 的患者的統計學意義較大。

→兩個劑量的ABO在皺紋嚴重度量表上都有相當的改善，比ONA **BOTOX**® 觀察到的產生更大的改善。

→在第二項研究中，使用相同的方法，患者在面部一側接受2單位/ 0.02 mL ONA **BOTOX**®及另一側的2單位/ 0.02 mL ABO **DYSPORT**®（1：1劑量比）。

→這項研究表明，**ONA BOTOX**®的擴散光量顯著大於ABO **DYSPORT**®的擴散量（P <0.001），儘管兩種產品的面部皺紋的改善沒有差異。這個結果是由於簡單地基於標記單位的ABO **DYSPORT**®含量不足。(Hexsel D 2013)

根據他們對2009年文獻的系統回顧，**Karsai**和**Raulin**建議使用2.5單位ABO **DYSPORT**® 與1.0單位ONA **BOTOX**® 的劑量當量，在某些情況下，該比例可能降至2：1。（Karsai S 2009）

→Karsai和Raulin不滿意他們發現的證據水平，並建議進一步調查較低劑量比例。

→然而，最近研究的結果與Karsai和Raulin的結果一致。

一項使用**人體腹部**的研究，其中受試者以不同的劑量比例將ABO **DYSPORT**® 和ONA **BOTOX**® 注射到腹部，發現劑量當量可以以**1.9：1.0**的比例建立。（Kranz G 2009）

3.肉毒臨床轉換

臨床上的**轉換比例**到底如何比較適當？

有一流傳比例**BOTOX**® ： **DYSPORT**® ： **XEOMIN**® ＝ 1 ： 2.5 ： 1

Ona ： Abo ： Inco ＝ 1 ： 2.5 ： 1

針對皺眉紋（**仿單建議**），**BOTOX**® 建議20U，**DYSPORT**® 建議50U。
由於它們的生物學性質，BoNT-A的每種製劑的特徵在於不同的**性質**及**賦形劑**，由Park等人概述（雖然有上述限制）（Park J 2011）

→因此，不應被認為是等價劑量基礎上的通用或可互換的（Dressler D 2010）；

→所以，**每個BoNT-A的單位是不可互換的**（**not interchangeable**）。

對於每種指示推薦的單位數是每個製劑的特異性。

→這可能有重要的醫療和經濟後果，因為患者經常需要切換到不同的 BoNT-A，並且治療的成本將根據應用的轉換因子而改變。

→因此，建立BoNT-As之間的正確轉換比是確保治療安全性和降低國家醫療費用的必要條件。（Wohlfarth K 2009）

事實上，有一些關於**BOTOX**® 對**DYSPORT**® 和**BOTOX**® 與**XEOMIN**® 的轉化率的證據可用，而少數研究（在大多數情況下是非治療適應症）已經解決了**DYSPORT**®與**XEOMIN**®的轉化率。

BOTOX® 與 XEOMIN®

→Park發表了一篇評論，報導**BOTOX®** 的生物活性（Park J 2011），引用 **XEOMIN®**：**BOTOX®** 的1：1和**DYSPORT®**：**BOTOX®** 的3：1。 這就是所謂的**剂量等價比率**（Dose Equivalence Ratio）。

→這是關於使用BoNT-A產品中，最有爭議的問題，在我們看來，應當更詳 細地討論這個問題。因為在所有BoNT-A產品文獻中，**衛生監管當局通常 需要介入，清楚地説明每個產品的單元是特定於該產品的，並且不可互 換。**

→特別地是，**DYSPORT®** 和**BOTOX®** 單位之間的任何「比率」可能在2至 2.5的範圍內，這與Park等人的論文不同。（Park J 2011, Pickett A 2011）。

→有短期的非系統性的討論**DYSPORT®** 和**BOTOX®** 之間轉換率的現有證 據。

BOTOX® 對 XEOMIN®

關於**DYSPORT®** 和 **XEOMIN®** 之間的轉化率，可以與**BOTOX®** 以 1：1的轉化率交換（Dressler D 2007, Jost WH 2007, Park J 2011）治療成 人痙攣（spasticity），頸肌張力障礙（cervical dystonia），眼瞼痙攣 （blepharospasm）和半面痙攣（hemifacial spasm）。

→間接地，可以推斷，顯示**XEOMIN®** 具有與**BOTOX®** 相同的功效和安全 性，因為它們似乎是由最強大的臨床試驗證據支持的BoNT-A適應症。

BOTOX® 對 DYSPORT®

值得注意的是，用於評估**DYSPORT®** 和 **BOTOX®** 的臨床效力的實驗室測試 是不同的，用於測量**DYSPORT®** 效力更敏感，而**BOTOX®** 更不敏感，使得 **BOTOX®** 的效力相對於**DYSPORT®** 被低估（Hambleton P 1994）。

→將特定效力，轉化為每小瓶中毒素複合物蛋白的量，確定每個臨床劑量的毒素蛋白質負荷；具有較高的比效力，每劑量的毒素蛋白質的量成比例地減少（Pickett A 2007）。

→複合物的分子量如下：**BOTOX**®（900 kDa），**DYSPORT**®（300-900 kDa），Myobloc（700 kDa）和**XEOMIN**®（150 kDa）。

→每個小瓶中神經毒素的量也不同：**BOTOX**®（*5ng），**DYSPORT**®（4.35ng），Myobloc（25ng）和**XEOMIN**®（0.6ng）。

DYSPORT® 和 **BOTOX**® 之間的最佳轉化率

這兩種BoNT-As的使用得到更大量證據的支持，因為它的醫學和經濟影響。歷史上，在臨床上已經採用4：1或**更高**的轉化率，可能源自在定量數據可用之前提出的過量單位差異。

→總之，從這些研究中獲得的結果可以表明3：1或甚至**更低**的轉化率可適用於治療痙攣（spasticity），頸肌張力障礙（cervical dystonia），眼瞼痙攣（blepharospasm）和半面痙攣（hemifacial spasm）。

→**更高**的轉化率比率可能導致**DYSPORT**® 過量，可能增加不良事件的發生率。

然而，現有證據仍然太少，特別是對於痙攣的治療，其中特別針對**DYSPORT**® 和 **BOTOX**® 之間的轉換因子的試驗不足以允許精確的推薦。

→根據以前的建議，我們建議使用兩種產品的醫生考慮使用**較低**的**轉換因子**作為指導，並根據每個患者的具體特點和對治療的反應，根據需要再向上調整（Ravenni 2013）。

→再次強調，針對皺眉紋（仿單建議），**BOTOX**® 建議20U，**DYSPORT**® 建議50U。所以臨床上若是必須要轉換使用，還是建議以**1：2.5**比例開始施作，較有文獻仿單支持。

事實上是三種BoNT-A是互相不宜轉換的（interchangeble）。有下列原因：

1）生成的BoNT大小不同

（**BOTOX**® 900 kD，**DYSPORT**® 300-900kD，**XEOMIN**® 150kD）

2）1U的單位意義不同

（例如：**DYSPORT**® 為小白鼠LD50注射劑量為1U。**BOTOX**® 已經不用動物實驗）

3）三種BoNT稀釋物不同

（**BOTOX**® 用 normal saline，**DYSPORT**® 用gelatin phosphate，**XEOMIN**® 用HSA）

在實驗室，用**BOTOX**® assay 測 **XEOMIN**® 100U相當於79-82U **BOTOX**®

所以臨床上考量，除了價格外，還要了解保存方式、開始起效時間、維持時間、注射位置、注射深度。

結論

BoNT治療被認為是多種過度活動肌肉條件的一線療法，例如上肢和下肢痙攣狀態，局限性肌張力障礙如頸肌張力障礙和眼瞼痙攣以及半面痙攣。

→與標準藥物治療（如解痙藥，肌肉鬆弛劑，神經病學）或外科手術相比，它具有優異的療效和安全性。

→BoNT-A的藥理效能，高特異度和長時間使得這些毒素具有顯著有效的治療劑，用於治療以肌肉多動症為特徵的疾病。

市場上有三種含有BoNT-A的產品：**BOTOX**®，**DYSPORT**® 和 **XEOMIN**®。

→所有三個準備工作都有類似的行動機制。它們之間的主要區別在於效力和復合蛋白的存在與否；因此，劑量當量在臨床實踐中是重要的。

→ONA **BOTOX**®和INCO **XEOMIN**®具有與1：1轉化率相當的功效，並且在不同適應症中已經表現出治療上的等同性，包括頸椎肌張力障礙和眼瞼痙攣。

→ONA **BOTOX**®至ABO **DYSPORT**® 轉化比≤1：3應被認為是最合適的。

免疫原性是重複注射後可能影響臨床療效的另一個因素。

總之，重要的是重申各種BONT-A製劑之間的可比性是採用間接方法確定的，由於所有三種產品之間沒有標準化的效能試驗，因此需要進行臨床試驗才能確定轉化率。

轉換對照表（ONA **BOTOX**® 與 ABO **DYSPORT**®）

BOTOX® 100U 溶於 2.5 ml		DYSPORT ® 300U 溶於 2.5 ml	
注射劑量	注射體積	注射體積	所含劑量
2 U	0.05 ml	0.05 ml	6 U
4 U	0.1 ml	0.1 ml	12 U
8 U	0.2 ml	0.2 ml	24 U
12 U	0.3 ml	0.3 ml	36 U
20 U	0.5 ml	0.5 ml	60 U
40 U	1.0 ml	1.0 ml	120 U

BOTOX® 100U 溶於 2.5 ml		DYSPORT ® 500U 溶於 3.8 ml	
注射劑量	注射體積	注射體積	所含劑量
2 U	0.05 ml	0.05 ml	6.6 U
4 U	0.1 ml	0.1 ml	13.2 U
8 U	0.2 ml	0.2 ml	26.4 U
12 U	0.3 ml	0.3 ml	39.6 U
20 U	0.5 ml	0.5 ml	66 U
40 U	1.0 ml	1.0 ml	132 U

4.肌肉質量（Muscle mass）對效率的影響

不同肌肉起效時間（onset）和持續時間（ duration）各不相同，主要受**肌肉質量**和結構差異的影響。(Keaney TC 2013, Lee HH 2015) 在病人的基礎上也是如此。

→在比較ABO **DYSPORT**®、ONA **BOTOX**® 和 INCO **XEOMIN**® 在眉間（glabellar）區域的作用和持續時間方面，**Rappl**等人指出，受試者具有非常薄的皺眉肌（corrugator）及輕微皺紋的，有較長的持續時間。（Rappl T 2013）

面部肌肉之間的皮膚尺寸，**厚度**和**深度**差異很大。

→**皺眉肌**（corrugators）是強壯的深肌肉，在一端附接到骨頭，另一端附著在皮膚上，並且這些肌肉的大小可以變化很大。

→**額肌**（frontalis）是緊密貼在皮膚上的大而細的肌肉。

→**咬肌**（masseter）是咀嚼功能最大，功能最強的肌肉，其最深部分源於顴弓（zygomatic arch）的內側，並垂直插入下頜骨的支柱（ramus of the mandible）。

→**眼輪匝肌OOc**通常分為3部分：

＊眼眶內側的淚部（lacrimal portion），是最小和最內部。

＊瞼部（palpebral portion）抬起眼皮並控制眨眼的非自願行為；

＊眼眶部分（orbital portion）或（pars orbicularis）圍繞眼眶的同心纖維，連接到額肌並延伸到咬肌（masseter）。

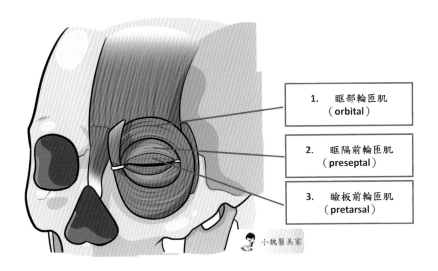

1.	眶部輪匝肌 （orbital）
2.	眶隔前輪匝肌 （preseptal）
3.	瞼板前輪匝肌 （pretarsal）

小魏醫美家

→雖然面部的一般解剖已經知道了幾十年，但臉部肌肉的細微特徵仍在研究進行之中。

＊額部肌肉最近才被詳細研究。患者之間變異性非常重要，這將影響產品注射的方式和位置，以盡量減少副作用並最大化BoNT-A的效率。

（Costin BR 2015, Choi YJ 2016）

肌肉對肉毒起效和持續時間的影響

Influence of Muscle on AbobotulinumtoxinA Onset and Duration

Study / studies	Muscle	Onset (median)	Duration	Dose (units)
(Nestor MS 2011)	Frontalis	12 hours	30-day study period	25
(Brandt F 2009, Kane MA 2009, Schlessinger J 2011)	Glabella	2-4 days	Median duration 85-109 days	50-80
(Lee SH 2013)	Masseter	Initial assessment at 2 weeks	Full effect was observed for 90 days	89 ± 27.8
(Yu KC 2012)	Orbicularis oculi	Initial assessment at day 2 which showed onset	6-day study period	15

（1）皺眉肌
- - - - - - - - - - - - - - - - - - - -

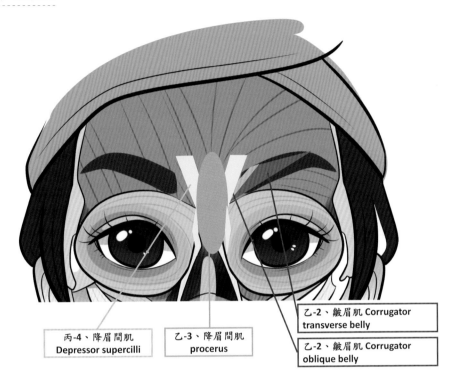

丙-4、降眉間肌
Depressor supercilli

乙-3、降眉間肌
procerus

乙-2、皺眉肌 Corrugator
transverse belly

乙-2、皺眉肌 Corrugator
oblique belly

毫無疑問，作為最早的報告，大多數具有**起效**和**持續**時間數據的研究，集中在**皺眉紋**。

→在支持ABO **DYSPORT**® 批准的研究中，50單位劑量的中位起效時間為2至4天，中位數為**2.5**天。（Brandt F 2009, Kane MA 2009, Schlessinger J 2011）

→有些患者在注射後的前24小時仍有一些肌肉活動。（Kane MA 2009, Kassir R 2013）

→初次接受（naïve patients）治療，且多達4次治療（間隔 ≥ 85天）的新患者，平均起效時間在所有治療週期內，保持在3天。（Rubin MG 2009）

在對**皺眉紋持續時間**的研究中，當癱瘓不鬆弛時，大多數患者在注射後：

→2個月，肉毒接近完全的作用。

→3個月，這已經下降到大約一半的患者。

→4個月剩1/4至1/3的患者。

→6個月時，多達五分之一的患者繼續發揮作用。

這種模式在進行一系列注射的患者中保留。（Rubin MG 2009）

→在**Kassir**等人的研究中，效果的持續時間似乎更長。有趣的是，這種將ABO **DYSPORT**® 與ONA **BOTOX**® 進行比較的分裂面研究（split-face studies）的設計，要求對**皺眉紋**的注射，通常比推薦用於臨床使用的區域，更為集中，以減輕擴散。

→ABO **DYSPORT**® 對**魚尾紋**，**抬頭紋和咬肌**，肌肉尺寸的影響，似乎遵循類似的模式，患者可維持至少3個月的肉毒作用，一些患者注射後5或6個月持續看到良好的效果。（Nestor MS 2011, Dubina M 2013, Kassir R 2013, Lee SH 2013, Klein FH 2014）

在比較ABO **DYSPORT**® 與 ONA **BOTOX**® 的研究中，4個月時ONA **BOTOX**® 持續作用的患者比例比起ABO **DYSPORT**® 低得多，ONA **BOTOX**® 治療的效果不存在於治療5個月後。（Kassir R 2013）

→具體來說，在額外的情況下，ABO **DYSPORT**® 與 ONA **BOTOX**® 的比例為**2.5：1**的雙邊比較顯示，ABO **DYSPORT**® 的總體持續時間約為**3個月**。（Nestor MS 2011）

（2）咬肌

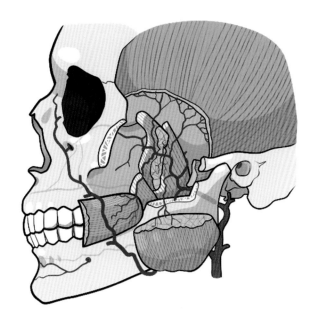

咬肌是臉部活躍區域的一個大而強壯的肌肉。用於治療這種肌肉的劑量，通常大於用於治療額肌的劑量。

→**Klein**等人指出，在2週後，觀察到了咬肌尺寸的「顯著差異」。（Klein FH 2014）

這些臨床試驗之間的直接比較是非常困難的，因為缺乏給藥方面一致性，特別是後面討論的評估措施，然而，有一些總體趨勢。缺少對這些差異的堅實解釋，即使在注射了多於一個肌肉的研究中。（Dubina M 2013, Kassir R 2013）

→共識指南指出，較大的肌肉需要較大的劑量。然而，這種適應並沒有使起始時間和持續時間正常化，差異仍然存在。

→**Lorenc**等人建議，單次注射的體積和濃度需要適合肌肉和周圍組織，而不是簡單的劑量考量。

＊**Lorenc**建議，小而厚的肌肉（如皺眉肌）可以精確定位，**低體積**，**高濃度**的注射。（Lorenc ZP 2013）

＊而額肌的寬，薄，平坦的幾何形狀更適合**大體積**，**低濃度**的注射，幫助擴散穿過肌肉。（Yamauchi PS 2010）

＊對於薄而平坦的輪狀眼睛，需要精確放置**低體積**，**低濃度**的注射劑以消除上瞼下垂的風險。

5.技術（Tecnique）對效能的影響

（1）製備（Preparation）

肉毒桿菌毒素在小瓶中以白色凍乾（white lyophilized）或真空乾燥粉末（vacuum-dried powder）供應，在無菌條件下，用**0.9**％**鹽水溶液**中重構（reconstitution）。

→準確準備注射所需的小體積毒素溶液的詳細說明，由製造商提供。
　產品的精確重組是必要的，以確保注射時的全部效力。

製造商重組BoNT-A的指南，建議使用**無防腐的鹽水溶液**（unpreserved saline solution）。
這個建議的一個原因是**苯甲醇**（benzyl alcohol）在所謂的「防腐」鹽水（「preserved」 saline）中用作防腐劑時，理論上，有將使蛋白質變性並降低注射溶液效力的風險。（Maas C 2012）

由於苯甲醇（benzyl alcohol）也是輕度的鎮痛藥，許多分裂面研究（split-face studies）已將BoNT-A溶液與**防腐的**和**無防腐的**鹽水進行比較，以研究該成分是否可以改善患者的舒適度，而不會影響療效。（Garcia A 1996, Alam M 2002, Allen SB 2012）

→所有的研究發現，**使用防腐的鹽水顯著**（**P≤001**）**降低了疼痛評分，而不影響毒素的活動。**
→然而，**Maas**等人指出，這些研究都非常小，即使使用**無防腐**的鹽水溶液，ABO **DYSPORT**®注射所遭受的疼痛也是輕微的。（Maas C 2012）

使用前，小瓶中的所有毒素都必須**完全溶解**。

→推薦劑量是基於**定量的毒素溶解在給定體積的鹽水**中，而獲得的濃度，假使任何毒素留下，也許未溶解在小瓶中，患者可能會接受較低的劑量，並且可能導致**次優效應**（suboptimal effect）。

→由於溶液中蛋白質的**脆弱性**（fragile nature），不推薦劇烈攪拌（vigorous agitation）以溶解產品：小瓶子的輕輕滾動（gentle rolling）應可以達到相同目的，注意確保塞子周圍沒有粉末。

研究表明重組（safety of storing）毒素的**安全性**。

→**Hexsel**等人的初步研究發現，在無防腐的鹽水中，重新配製並在4℃下儲存長達**6週**的ONA **BOTOX**® 之功效與**注射前24小時**製備的溶液，沒有統計學顯著差異，無額外的不良事件。（Hexsel DM 2003）

→作者延長了他們的工作，並證明ABO **DYSPORT**® 可以在重建後儲存長達**15天**，而不會有任何功效和安全性的損失。（Hexsel D 2009）

最新的**DYSPORT**® 處方說明書指出，重新使用的產品可以在使用前在2至8℃下儲存24小時。但是該產品是昂貴的，而且一些患者在其初始程序後數周，可能需要小劑量的補充注射（top-up injections），以達到期望的效果。

（2）注射（Injecting）

臉部含有許多肌肉，有很好地供應神經和血管。因此，徹底了解面部解剖結構是醫生使用BoNT-A進行醫美治療的先決條件，以最大限度地提高功效，並盡量減少不良事件的風險。

→除了**製造商**提供的信息（僅限於其許可用途）外，還有ABO **DYSPORT**®指南，其中包含對面部解剖學的詳細討論，最佳劑量和注射部位的指示（基於尺寸和形狀肌肉，皺紋的嚴重程度和患者所需的固定程度），以及針對注射器角度的建議，以將毒素最佳地遞送至目標肌肉。

→為獲得最佳療效，應將注射液置於**放鬆**的肌肉（relaxed muscles）中。

→**Erickson**等人建議患者在手術期間保持**直立**（during the procedure），但是在治療方面尚未達成共識。（Erickson BP 2015）

這些指南還包括，針對用於重建和注射的針頭和注射器的尺寸的建議，因為這可能會影響精度（accuracy）和患者舒適度（patient comfort）。

→最近的研究表明，使用**較小的針頭**在臉部的各個區域可以提高患者的舒適度。

→發現較小的規格針（33-G）比較大的（30-G）更可接受。

→推薦使用帶有刻度標記的小型注射器，以便將總劑量分為幾次注射。

→**Ascher**等人建議使用標記為**三分之**一長度的針頭，以允許臨床醫生判斷注射的深度。

→**注射速度慢**，以及注射前放置在皮膚上的**冷卻**裝置可以減輕疼痛和不適。（Cheng CM 2007）

（3）注射後照護（Post-Injection Procedure）

有關患者應該或不應該按照程序進行的操作，有不同的建議。

→其中建議是**保持正常姿勢**至少4小時，**避免按摩**治療區域以防止毒素的不必要的擴散，並收縮治療的肌肉，以幫助分布整個肌肉。（Tremaine AM 2010, Stephan S 2011）

→目前只有一項研究已知，不支持這些建議，僅與咬肌療法有關。

研究表明，注射後一段時間內，**咬合肌的活化**（activation of the masseter）**可以提高長期療效。**（Wei J 2015）

五、肉毒的安全性（Safety）

（一）肉毒安全性

許多研究調查了BoNT-A的安全性。2014年，對包括8787人在內的35項臨床研究的數據，進行了美國使用的BoNT-A（ABO **DYSPORT**®、ONA **BOTOX**®、INCO **XEOMIN**®）的安全性的系統評價。

→在這些研究中，13篇（37％）評估ABO **DYSPORT**®，1篇（3％）評估INCO **XEOMIN**®，21篇（60％）評估ONA **BOTOX**®。（Cavallini M 2014）

→所有肉毒桿菌毒素製劑的不良事件（AE）總發生率，未發現顯著實驗組與安慰劑組之間差異**無統計學意義**。（Cavallini M 2014）

→最常見的AE是：

　＊上臉的**垂瞼**（blepharoptosis）（2.5％），**垂眉**（brow ptosis）（3.1％）和眼部**感覺障礙**（eye sensory disorders）（3％），

　＊下臉的**唇部不對稱**和**不平衡**（lip asymmetries and imbalances）（6.9％）。

在2015年的系統評估中，1.4％的患者還報告了眼瞼**水腫**（eyelid edema），

→亞洲人群中報導的BoNT-A誘發的眼瞼水腫的風險高於白種人（3.1％ vs 0.7％）。（Chang YS 2015）

據報導，**頭痛**，**注射部位疼痛**，**水腫**和**瘀傷**，與安慰劑注射相比無統計學差異。

→這表明這些AE可能與注射過程有關，並且可以通過改進注射技術來避免。（Carruthers JD 2008, Redaelli A 2008, Gadhia K 2009）

沒有報告與ABO **DYSPORT**®，INCO **XEOMIN**® 或ONA **BOTOX**® 的美學用途有關的長期AE。（Gendler E 2015）

→具體研究ABO **DYSPORT**®，報告了良好的總體安全性，大多數AE是輕微的，與注射創傷相關。（Klein AW 2008, Maas C 2012）

→有相關於治療皺眉紋的實質性安全數據。然而，與治療前額（forehead），外眥紋（lateral canthal lines）（「魚尾紋crow's feet」）和其他解剖區域有關的安全數據記錄較少。（Maas C 2012）

1.AE 皺眉紋（Glabellar Lines）

ABO **DYSPORT**® 治療皺眉紋的安全性已經在5個Phase III研究中證實。（Brandt F 2009, Kane MA 2009, Moy R 2009, Rubin MG 2009）

→一項為期24個月的延期試驗，16個月和36個月的延期試驗。（Schlessinger J 2014）

→這些臨床試驗結合包括4500多名接受多達7個週期治療的個體。

→沒有報告認為可能或可能與治療相關的嚴重的治療突發性AE（TEAE）。（Rubin M 2009, Schlessinger J 2014）

AboBoNT **DYSPORT**® 安全性的數據摘要從5個III期臨床試驗，調查其用於治療皺眉紋：治療突發性不良事件（TEAE）的患者數量，在安全人群中報告> 1％。（Rubin M 2009）

表　總結了ABO **DYSPORT**®安全人口報告的TEAE（＞1％發病率）。
（Rubin M 2009）

TEAEs no. of patients（%）	Rubin et al (Rubin M 2009)	Kane et al (Kane MA 2009)	Brandt et al (Brandt F 2009)	Moy et al (Moy R 2009)	Cohen et al (Cohen JL 2009)			
	ABO n=311	ABO n=544	Placebo n=272	ABO n=105	Placebo n=53	ABO n=1200	ABO n=1415 Fixed dose n=1390	Variable dose n=715a
No. of patients with any TEAEs	207 (67)	168 (31)	75 (28)	49 (47)	21 (40)	880 (73)	818 (59)	260 (36)
Nasopharyngitis	38 (12)	15 (3)	6 (2)	12 (11)	6 (11)	153 (13)	168 (12)	22 (3)
Headache	42 (14)	19 (3)	8 (3)	10 (10)	4 (8)	178 (15)	81 (6)	30 (4)
Eyelid ptosis	6 (2)	13 (2)	1 (<1)	3 (3)	0 (0)	45 (4)	30 (2)	10 (<1)
Blepharospasm	3 (1)	1 (<1)	0 (0)	1 (1)	2 (4)	15 (1)	12 (<1)	1 (<1)
Injection site pain	12 (4)	2 (<1)	4 (1)	4 (4)	2 (4)	83 (7)	50 (4)	10 (1)
Injection site bruising	16 (5)	4 (1)	0 (0)	0 (0)	1 (2)	72 (6)	30 (2)	7 (1)
Upper respiratory tract infection	6 (2)	10 (2)	4 (1)	1 (1)	0 (0)	82 (7)	67 (5)	15 (2)
Sinusitis	14 (5)	6 (1)	3 (1)	2 (2)	0 (0)	92 (8)	84 (6)	9 (1)
Influenza	10 (3)	5 (<1)	0 (0)	2 (2)	2 (4)	44 (4)	32 (2)	5 (<1)

ABO **DYSPORT**®, abobotulinumtoxinA; TEAE, treatment-emergent adverse event. aPatients who received both fixed- and variable-dose treatments were counted in both groups; therefore, the total number of patients in the fixed- and variable-dose groups is greater than the total number in the study.

ABO **DYSPORT**®，肉毒桿菌毒素A；TEAE，治療緊急不良事件。 一組接受固定劑量和可變劑量治療的患者均計入兩組；因此，固定和可變劑量組的患者總數大於研究中的總數。

用ABO **DYSPORT**® 治療皺眉紋的耐受性良好，

1. 固定劑量和可變劑量治療方案的TEAE的類型、頻率、嚴重程度和相關性方面，ABO **DYSPORT**® 的安全性與安慰劑的安全性相當。

2. 用於單次和重複劑量治療。（Rubin M 2009）

研究中的每一項都代表了ABO **DYSPORT**® 安全性狀況的不同方面。

Rubin等人比較了在進入雙盲隨機治療階段之前，接受不同周期的開放標籤治療的311例患者。（Rubin MG 2009）

→在這項涉及開放標籤治療的研究中，TEAEs的發病率在2～3個治療週期內**沒有**增加。

Kane等調查了816人，以2：1的比例隨機分配給ABO **DYSPORT**®（50,60,70或80 U）或安慰劑的可變給藥的安全性。（Kane MA 2009）

→與安慰劑相比，ABO **DYSPORT**® 僅報導了更多的TEAE，差異**無統計學**意義（分別為31％和28％）。

→在本研究中的心血管分析（n＝79）中，**沒有觀察到QT／QTc延長**，其中QT間期是心臟電循環中Q波與T波之間的時間測量。 眾所周知，QT和QTc是指更正的QT。

Brandt等評估了105例單純ABO **DYSPORT**® 治療的安全性。（Brandt F 2009）

→TEAEs發生在治療組（49/105,47％）和安慰劑組（21/53，40％）組中相似比例的患者。

→最常發生的TEAE是**注射部位反應**，注射部位疼痛，鼻咽炎和頭痛。

→大多數TEAE被認為與研究治療無關或不太可能相關。

→與安慰劑組0/53（0%）相比，ABO **DYSPORT**® 組**眼瞼下垂**的發生率為3/105（2.9%），所有報告均為輕度且無後遺症。

Moy等發現，在1200例患者中，使用50單位ABO **DYSPORT**® 治療多達5個循環，耐受性良好。（Moy R 2009）

→結果顯示，沒有證據表明在13個月內有累積的安全問題。

Cohen等在四項III期臨床試驗患者的延伸研究中，評估了ABO **DYSPORT**®在固定單位和可變劑量環境下的長期累積安全性。（Cohen JL 2009）

→24個月內，1415例患者接受ABO **DYSPORT**® 開放標籤治療。
＊患者根據性別和肌肉質量以50單位或50、60、70或80單位的可變劑量進行測試。
＊約932名患者（66%）至少經歷了1次AE。
＊固定劑量組和可變劑量組中TEAE的比例相似，大多數為輕度（70%）或中度（20%）。
＊大多數（87%）的AE被認為與研究治療無關或不太可能相關。
＊所有TEAEs和相關TEAE的發生率在ABO **DYSPORT**® 治療的重複週期中保持相對恆定或降低。
＊ABO **DYSPORT**®在治療之間至少85天被再次給藥，然後只有當皺眉紋恢復到中度或重度時才被再次給藥。
→文中總結的重複劑量研究顯示**沒有累積安全性問題**的證據，儘管事實上大多數患者接受了超過50個單位的ABO **DYSPORT**®。

Schlessinger等人進行了36個月的長期延長試驗，其中招募了4個III期試驗的患者，以評估ABO **DYSPORT**® 重複注射，用於治療皺眉紋的安全性和有效性。（Schlessinger J 2014）

→1415例患者延期研究的最終結果表明，24個月的ABO **DYSPORT**®治療多次循環耐受性良好，對於皺眉紋的矯正有效，**3年研究期間沒有累積安全性問題**的證據。

→患者經歷的AEs嚴重程度通常為輕度至中度，大多數報告的TEAE被認為不太可能或與治療無關。

在ABO **DYSPORT**®的重複治療研究中，TEAE的發生率在**第一周期中最高**，在隨後的治療週期中降低。（Rzany B 2007）

→在3～5個連續週期中，接受ABO **DYSPORT**®治療的945例患者（中位總劑量/次數＝100個單位）中約91％沒有發生AE。

→皺眉紋是最常見的治療區域（93.9％），也最多數（81.5％）患者接受治療。

→AEs隨著重複治療而減少，發生在第一治療週期的39/945患者（4.1％）和第五治療週期中的11/553（2.0％）。

→上瞼下垂僅限於0.85％的患者。

Rzany等人的2010年臨床綜述在11項臨床研究中，檢查了ABO **DYSPORT**®治療皺眉紋的安全性，共涉及4649例患者和12,844例治療（包括已經描述的5項關鍵性研究）。（Rzany B 2010）

→得出結論，ABO **DYSPORT**®在這些研究中表現出良好的整體安全性。

→大多數TEAE被認為與治療無關，最常見的與治療相關的TEAE，包括**頭痛和注射部位反應**。

→此外，大多數與治療有關的TEAE強度輕度下降，無需額外治療即可解決。

報告**眼瞼下垂**的患者百分比低：所有單一治療研究中<3％，所有重複治療研究中<4％。

報告> 3%患者的TEAE包括頭痛（最常見），**注射部位反應，注射部位疼痛，鼻咽炎和上呼吸道感染**，一般在接受ABO **DYSPORT**®和安慰劑的患者中發生相似程度。（Monheit G 2007, Kane MA 2009, Monheit GD 2009）

2.AE 抬頭紋和魚尾紋（Forehead and Crow's Feet）

雖然ABO **DYSPORT**® 通常用於許多面部區域，但美國食品和藥物管理局（**FDA**）的批准目前僅僅是針對皺眉紋。

→缺乏支持FDA批准除皺眉紋以外的大型關鍵試驗，反映了在其他面部區域可使用ABO **DYSPORT**® 的有限安全數據。

Gendler報告的20例接受ABO **DYSPORT**® 治療，重度**抬頭紋**最大高程度的患者，有**瘀傷性頭痛**。

→雖然結果是基於20個治療對象，但是使用雙側額葉比較導致統計學N＝40
→然而，任何BoNT-A注射到額葉肌肉（前額），可能會使眉毛上瞼下垂（brow ptosis），應可以避免注射前額的下半部分。（Pena MA 2007, Maas C 2012, Gendler E 2015）
→對於依靠其外側額肌（lateral frontalis）抬高眉毛的患者來說，避免強化皮膚硬化（dermatochalasis）。

與使用任何BoNT-A製劑相關的AEs，治療**魚尾紋**，包括瘀傷（bruising），複視（diplopia），不對稱微笑（asymmetric smile）和上唇下垂（lid ptosis）。（Gendler E 2015）

在一項雙盲，安慰劑對照，劑量範圍內的研究中，包括218例患者，**Ascher**等人以15 U和45 U之間的劑量，證明了ABO **DYSPORT**® 的安全性，用於治療魚尾紋。（Ascher B 2009）

這些發現已經通過近幾百位患者的開放標籤（open-label）和回顧性（retrospective studies）研究證實。（Kiripolsky MG 2011, Fabi SG 2013）

3.多個注射部位的影響（Multiple Injection Sites）

使用多個vs單個注射部位似乎不會影響ABO DYSPORT® 治療的安全性。

→在40例患者中，比較1～3個ABO DYSPORT® 注射部位治療魚尾紋的研究
　結果顯示，兩側的AEs**無差異**。（Fabi SG 2013）

→這一發現證實了以前的回顧性分析的結果，當在面部的每一側使用相同
　的總劑量的ABO DYSPORT® 時發現，1個注射點對3個單獨的注射點具有
　相似的安全性結果。（Kiripolsky MG 2011）

Hexsel等人同時對整個面部，施用的不同劑量的ABO DYSPORT® 的安全性
進行了比較。（Hexsel D 2013）

→在上臉、中臉和下臉上，有90名患者參加了ABO DYSPORT® 治療，至少
　2次的不同區域治療。患者被隨機分為3組，根據ABO DYSPORT® 的預定
　總劑量範圍（1組120-165U、2 166-205U、3組206-250U）。

→在3個劑量組之間沒有發現有統計學意義的差異。

→AEs發生率低，事件主要與注射有關，包括紅斑（erythema）（67%），
　瘀傷（bruising）（27%），水腫（edema）（13%），疼痛（pain），
　瘙癢（pruritus）和灼熱（burning）（2.4%），部分出血（bleeding）
　（4.7%）。

→只有1名患者（1.2%）報告了眼瞼沉重的感覺（sensation of heaviness in the
　eyelids）這種症狀是暫時性的，沒有導致眼瞼下垂（eyelid ptosis）。
　這些結果表明，可以在不增加安全性疑慮的情況下，進行注射ABO
　DYSPORT® 在各種面部區域。

4.效應領域（Field of Effect）

如果劑量（dose）增加，有效面積（area of effectiveness）（也稱為效應領域 field of effect）將會增加，由此，最終的效果也將會增加。（Rzany B 2013）BoNT-A製劑的作用領域，是注射期間注入擴散（Spread）的活性過程和隨後的瀰漫擴散（Diffusion）過程的函數。（Matarasso A 2009, Pickett A 2009, Wortzman MS 2009）

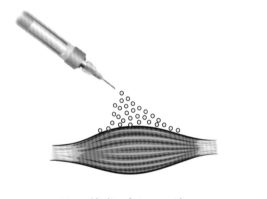
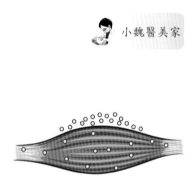

小魏醫美家

注入擴散（Spread）　　　　瀰漫擴散（Diffusion）

效應領域取決於許多變量，包括：

1）注射體積（injection volume）

2）總劑量（total dose）

3）深度（depth）

4）角度（angle）

5）注射速率（rate of injection）

6）解剖面積（anatomic area）

7）期望的效果程度（desired degree of effect）

8）患者特異性因素（patient-specific factors）。（Kane M 2010）

但是今天，**劑量對擴散的影響**，被認為是影響效應領域的關鍵因素，並且已經在相等劑量的不同BoNT-A產物之間，證明了相當的結果。（Hexsel C 2011）

→在大型隨機對照試驗（RCT）中很少觀察到與效應領域有關的AE，如**眼瞼下垂**發生率所反映的。（Maas C 2012）

→當發生諸如下垂等不必要的影響時，它們經常可以追溯到缺乏注射器經驗或不良技術，這導致隨後的擴散，隨後擴散到與注射部位相鄰的肌肉組織。（De Boulle K 2010）

組織內的**擴散較慢**並且不依賴於注射技術，儘管**體積**可能在原始注射部位的毒素的注入擴散（Spread）中起作用。（Abbasi NR 2012）

→最近一項調查10例患者效應領域的研究發現，當使用較大的重建體積（reconstitution volume）（注射體積injection volume）時，效果更大的領域（平均皺紋減少，794.1對486.6 mm2）。（Abbasi NR 2012）

肌電圖研究表明，BoNT-A可以從注射點擴散至**3公分**，從而準確鑑別和注射所必需的目標肌肉，以達到預期結果。（Borodic GE 1994）

（二）肉毒疤痕治療及安全性

BoNT-A是一種理想的生物化學試劑，可以使癒合的面部傷口幾乎完全消除（near-total elimination）肌肉拉力。

→治療疤痕患者的目標，是**消除癒合組織的動態張力**（dynamic tension），既能改善傷口癒合（wound healing），又可減少瘢痕形成（minimize scarring），達到最佳美觀效果。（Jablonka EM 2012）

→確定皮膚瘢痕的最終美學外觀的一個關鍵因素，是在癒合階段作用於傷口邊緣的張力。（Jablonka EM 2012）

→由局部肌肉牽拉引起的動態張力，可以通過對穿過傷口的肌肉，進行化學吸收（chemoimmobilization）消融（denervating the muscles pulling）來解決。（Jablonka EM 2012）

→BoNT-A允許近乎完全消除癒合傷口上的動態肌肉緊張。（Jablonka EM 2012）

身體範圍內的**肥厚性瘢痕**（Hypertrophic scarring）形成（例如面部、頸部、胸部、背部、耳垂和臀部）可能與身體畸形（physical deformities），運動範圍受限（restricted range of motion），疼痛（pain）和搔癢（pruritus）有關。（Xiao Z 2009）

→在這些患者中，除了放鬆肌肉緊張之外，BoNT-A可以影響源於肥大性瘢痕的成纖維細胞（fibroblasts）的細胞週期分布（cell cycle distribution）。（Xiao Z 2009）

BoNT-A也可以被認為是**皮膚撕裂**的輔助治療。（Jablonka EM 2012）

沒有公布ABO DYSPORT® 治療疤痕的數據

其他BoNT-A製劑用於瘢痕優化的安全性表現，在以下的幾項臨床研究中總結。（Jablonka EM 2012）

→在2014年的一項研究中，ONA **BOTOX**® 被用於改善30例經歷唇裂瘢痕修復手術（**cleft lip scar revision surgery**）的患者的瘢痕質量（improve scar quality），沒有發現併發症。（Chang CS 2014）

→**Ziade**等人還發現，早期注射ONA **BOTOX**® 改善了11例患者面部創傷（**facial wounds**）的瘢痕質量（improved the scar quality），沒有報告安全性問題。（Ziade M 2013）

→這些安全性發現，證實了早期對19例持續性肥大性瘢痕（**hypertrophic scars**）的患者進行的研究，他們使用中國BoNT-A製劑，在疤痕診所進行了治療。（Xiao Z 2009）

→在本研究中，發現BoNT-A減少肥大性瘢痕的體積，**注射部位疼痛是唯一報告的AE**。

2006年對40名患有「醜陋（ugly）」疤痕的患者進行的一項研究發現，在修復手術期間使用ONA **BOTOX**® 以盡可能減少癒合傷口邊緣的壓力（minimize tension）時，90％的患者有改善的結果，並且BoNT-A對傷口沒有不利影響 癒合報告。（Wilson AM 2006）

（三）肉毒在懷孕及哺乳的安全性

據報導，僅有少數案例研究涉及人類懷孕中ABO **DYSPORT**® 的安全問題。

→沒有對照組的試驗數據，不可能進行這種研究來解決這個問題。（Paul M
  2009）

1. **Newman**等報導了，用BoNT-A治療頸部肌張力障礙（cervical dystonia）的
   患者中，懷孕期間的臨床ONA **BOTOX**® 治療。（Newman WJ 2004）
   ＊患者在4次全期懷孕期間注射，劑量範圍從600 U至1200 U，**不影響妊娠**
   結局。

2. **Morgan**在對經常使用ONA **BOTOX**® 的醫生的調查中，在注射BoNT-A時
   懷孕的患者中分析了懷孕結果。（Morgan JC 2006）

→十二名醫生報告說，在16名孕婦中注射了BoNT-A，主要是在妊娠**前期**。
→只有1名患有自然流產（spontaneous abortions）史的患者發生流產
  （miscarriage）。另一名女子治療性墮胎（therapeutic abortion）。
→所有其他繼續懷孕，沒有胎兒畸形（fetal malformations）。

3. **De Oliveira Monteiro**報導說，在妊娠早期（early first trimester），注射了
   2名女性，但孕婦正常懷孕，對胎兒無不良影響。（de Oliveira Monteiro E
   2006）

（四）肉毒全身毒性

BOTOX® （onabotulinumtoxinA）重要信息

上市後的報告指出，**BOTOX®**的效果並且所有肉毒毒素產品都可以從注射區域擴散以產生符合肉毒桿菌毒素效應的症狀。這些可能包括虛弱，全身肌無力，複視，上瞼下垂，吞嚥困難，發音困難，構音障礙，尿失禁和呼吸困難。這些症狀在註射後幾個星期到幾個星期就報告了。吞嚥和呼吸困難可能會危及生命，並且有死亡的報告。在治療痙攣的兒童中，症狀的風險可能是最大的，但是在治療痙攣和其他疾病的成人中也可能出現症狀，特別是那些有潛在症狀的患者，這些症狀會使他們更容易出現這些症狀。在包括兒童痙攣和批准的適應證在內的未經批准的用途中，已經報導了與用於治療頸肌張力障礙和痙攣以及以較低劑量相當的劑量的效果傳播病例。

淨優明凍晶注射劑50 LD$_{50}$單位
Xeomin Powder for Solution for Injection 50 LD$_{50}$ Units

本藥限由醫師使用   衛部菌疫輸字第000995號

警語：毒素作用遠端擴散

上市後的報告顯示，XEOMIN及所有肉毒桿菌毒素產品的效果都可能會從注射區域擴散，從而引發和肉毒桿菌毒素之作用相符的症狀。這些症狀可能包括虛弱、全身肌肉無力、複視、視覺模糊、眼瞼下垂、吞嚥困難、發聲障礙、發音困難、尿失禁、以及呼吸困難。曾有在注射數小時至數週後發生這些症狀的報告。發生吞嚥困難與呼吸困難可能會危及生命，並且曾有死亡的報告。這些症狀可能會發生於患有會促發這些症狀之疾病的患者。*[參見警語及注意事項(5.1)]*。

DYSPORT® 及 XEOMIN® 也都有相似警語

毒素效應的遠端擴散（Distant spread），是BoNT-A的效果意外延伸（unintended extension）到不與注射部位相鄰的區域。

→它與較高劑量（higher-dose）的適應症有關。可能會導致症狀，如：

1. 不預期的肌肉力量喪失（loss of muscle strength）
2. 虛弱（weakness）
3. 視力模糊（blurred vision）
4. 眼瞼下垂（eyelid ptosis）（US Food and Drug Administration 2016）
5. 很少有與肉毒中毒相關的危及生命（life-threatening illness）的疾病。
（Carruthers A 2013）

調節擴散的另一個關鍵因素是毒素劑量，較高的劑量可能與更廣泛的擴散相關（Wohlfarth K 2009）。

→因此，當從一個BoNT-A切換到另一個時應當應用**最佳轉化率**，以避免過量給藥的風險，並且同時保持臨床功效。
在注射美容後，BoNT-A不應在**周圍血中測量到**，研究已經證明了這一點，並指出每次治療時施用的推薦量，不會導致全身效應。（Carruthers A 1998, Chertow DS 2006, Bethesda MD 2008）

→只有少量的BoNT-A才被用於美容目的，並且沒有報告，任何認可的BoNT-A製劑在正常健康成年人中的注入產生遠端擴散（distant Spread）。
（Dessy LA 2011, Carruthers A 2013）

在對1977年至2009年期間，使用BoNT-A進行面部美觀研究的11項RCT系統綜述（systematic review）中，**Gadhia**等人得出結論，使用BoNT-A治療，在注射的鄰近區域幾乎沒有或**沒有AE**。（Gadhia K 2009）

BoNT-A注射到外周肌肉，皮膚或其他組織中，沒有長期臨床使用的證據，導致中樞神經系統的臨床檢測效果。（Tang-Liu DD 2003, Klein AW 2004）

儘管這些研究中顯示的BoNT-A產品具有安全性，但是遠距離擴散的毒素效應，存有潛在安全性疑慮是嚴重的。（Carruthers A 2013）

→2009年，FDA要求所有批准和上市的BoNT-A產品的製造商更新其標籤，包括一個盒裝警告，描述遠距離傳播的毒物效應之上市後安全數據。（US Food and Drug Administration 2016）

→該警告同樣適用於BoNT產品的治療和美學用途。

→如DYSPORT® US處方信息中所述，「治療兒童的痙攣症的風險可能最大，但是在治療成年人的痙攣中也可能發生症狀，特別是在具有潛在病症的患者中。在未經批准的用途中（unapproved uses），包括兒童的痙攣狀態（spasticity in children），以及在批准的適應症中，已經有與最大推薦總劑量相當或更低的劑量，報告效果擴散（spread of effect）的病例。

（五）肉毒可能的副作用（AAU / EIU）

動物模型中，脂多醣（lipopolysaccharide，LPS）的注射，產生急性前葡萄膜炎acute anterior uveitis（也稱為**內毒素誘導的葡萄膜炎endotoxin-induced uveitis，EIU**），但是**人類注射脂多醣的作用是未知的**。

這邊描述了一種不尋常的情況，其中急性前葡萄膜炎在Behçet氏病患者中注射肉毒毒素後顯著活化，但急性前葡萄膜炎由英夫利昔單抗（**infliximab**）令人滿意地減弱。（Hirofumi Sasajima 2017）

在動物模型中，全身和局部注射脂多醣（LPS）誘導**急性前葡萄膜炎**（**AAU**），也稱為**內毒素誘導的葡萄膜炎**（**EIU**）。

→LPS直接影響前列腺細胞產生炎症介質，導致EIU（Helbig H 1990）。

→與EIU相關的炎症的特徵在於LPS注射後3小時內血液 － 水屏障（BAB）的急性分解和隨後的臨床疾病發展（Cousins SW 1984）。

LPS是由包含**O-抗原**的脂質和多醣組成的大分子。

→它們存在於**革蘭氏陰性細菌的外膜**中，將這些細菌牽連在AAU發病機制中。

→**Kufoy**等人證明革蘭氏陽性菌的感染也可能引起葡萄膜炎，因為兔和大鼠眼睛對於在革蘭氏陽性和革蘭氏陰性細菌的細胞壁中都發現的胞壁　二肽敏感（Kufoy EA 1990）。

→因此，肉毒桿菌毒素是由革蘭氏陽性厭氧菌肉毒桿菌產生的神經毒性蛋白質也可能誘導EIU。

LPS注射誘導的EIU的特徵是**腫瘤壞死因子α（TNF-α）**的表達增加。

→LPS注射後3小時TNF-α信使核糖核酸（mRNA）峰值（Yoshida M
　1994）。抗TNF-α治療在動物模型中減輕LPS誘導的EIU。

→具體來說，它可以減少大鼠模型中炎性葡萄膜炎引起的LPS誘導的白細胞
　轉動增加，黏附和血管滲漏（Koizumi K 2003）。

　＊這些發現表明TNF-α嚴重影響EIU的發病機制。

　＊因此，抗TNF-α治療是在動物模型中消除LPS誘導的EIU的有效手段。
　　也可誘導EIU。

感興趣的是，LPS誘導了患有Behçet's disease白塞病患者（BD）的細胞過多
的TNF-α產生。來自BD患者的外周血單核細胞中LPS刺激的TNF-α產生顯
著增加（Mege JL 1993）。

最近，我們看到BD患者經歷了皮下注射肉毒桿菌毒素以治療腋窩多汗症。

→不久之後，他誘發了AAU。

→這名病人穩定，他的BD控制了8年；在此期間，他經常定期進行英夫利
　昔單抗治療。

　＊事件發生後，當他進行下一次
　　安排的英夫利昔單抗治療時，
　　AAU提高到幾乎正常水平。

　＊據我們所知，這是第一份報
　　告，用於描述與BD患者中英
　　夫利昔單抗與肉毒桿菌毒素注
　　射相關的EIU樣病情和有效衰
　　減。

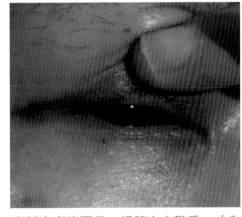

注射肉毒後兩日，眼睛充血難受。（內
毒素誘導的葡萄膜炎endotoxin-induced
uveitis，EIU）

六、肉毒的滿意度（Satisfaction）

（一）患者滿意度測量

使用一系列措施，來評估患者滿意度（patient satisfaction）和對接受美學 BoNT-A治療的患者重要的特定結果（specific outcomes）。

1. 可以使用，諸如「非常不滿意」到「非常滿意」的面部護理滿意度調查表（**Facial Lines Treatment Satisfaction Questionnaire**），**Likert**型量表來評估患者的滿意度。（Cox SE 2003）

2. 另一種方式是「**面部紋路結果調查問卷**」（**Facial Line Outcome questionnaire**），用於評估具體結果，例如：
   （1）年齡的自我感知（self-perception of age）
   （2）吸引力的感知（attractiveness）
   （3）面部線條在多大程度上導致疲勞（looking tired）
   （4）壓力（stressed）
   （5）憤怒（angry）
   （6）耐心的感覺（Kowalski J 2005）

3. 患者對美容和身體的態度，可以使用美容皮膚科（Aesthetic Dermatology）和整容外科（Cosmetic Surgery）的**弗賴堡問卷調查表**（**Freiburg Questionnaire**）和**弗萊堡生活質量評估核心版本**（**Freiburg Life Quality Assessment core version**）的尺度對進行調查。（De Boulle K 2010）

4. **FACE-Q**是一種新的患者報告結果（patient-reported outcome）工具，可用於測量患者對美容面部手術的看法。（Klassen AF 2010, Panchapakesan V 2013, Pusic AL 2013）

→FACE-Q的開發人員確定了患者滿意度的4個領域：**外觀評估**（appearance appraisal），**併發症**（AEs），**護理過程**（process of care）和**生活質量**（quality of life）。

→這些領域中的每一個，都進行了一系列個人調查，以評估例如皮膚的外觀評估（appearance appraisal of skin）或護理信息的過程（process of care of information）。

→醫師試圖評估患者感覺到的審美干預效果（patient-perceived efficacy）的可以挑選其分析指標的質量。

→將面部解剖學特定方面的FACE-Q內容，定製到患者滿意度方面的能力，使得FACE-Q對面部美學干預的循證醫學研究非常重要。

5. **順從性**（Adherence），可能也可以用作患者滿意度的度量。（De Boulle K 2010）

→治療方案的順從性反映在患者對於繼續治療計劃和選擇具體產品、程序方面的選擇。

（二）患者對肉毒用於醫美的滿意度

1.患者對OnaBoNT-A **BOTOX**®的滿意程度

2008年**Fagien**對23項臨床研究，進行綜合評估（comprehensive review）和薈萃分析（meta-analyses），其中包括1500多例患者，發現患者報告的ABO **DYSPORT**® 或 ONA **BOTOX**® 治療美容適應症的滿意度一直很高，範圍從 > 65％ 到 > 90％，取決於面部區域治療（facial area treated），劑量（dose），評估（assessment）和其他治療細節。（Fagien S 2008）

→治療也顯著改善了患者的自我感覺（self-perceptions），並將相對於當前年齡的感覺，年齡降低了大約5歲。（Fagien S 2008）

Rivers的RCT報告，包括125名接受ONA **BOTOX**®或安慰劑治療皺眉紋的患者，報告高度滿意。（Rivers JK 2015）

→在治療後120天內，對BoNT-A組的玻璃片治療滿意的患者比例保持在 ≥75％。

在另一項**Lewis**的研究中，患者獲得問卷調查，其中包括人口學細節（demographic details），他們最近和過去史有無接受任何美容治療的細節，以及**易怒－抑鬱－焦慮量表**的（Irritability-Depression-Anxiety Scale）。（Lewis MB 2009）

→後者基於3個可辨識的元素（易怒，抑鬱和焦慮）提供3種心情測量。調查問卷還要求患者，在現在和剛接受治療之前，提供其吸引力（attractiveness）的百分比值。（Lewis MB 2009）

→在25名白人女性患者的研究中，發現BoNT-A對前額的治療，有更正面的心情（positive mood）。（Lewis MB 2009）

→接受BoNT-A治療的患者心理狀況，明顯好於沒有接受治療者，感覺到的情緒，主要表現為焦慮（anxiety）和抑鬱（depression）分數較低。

→由於患者在治療後感覺同樣有吸引力，**吸引力的增加無法解釋心情的差異**。

→這支持了研究假設，使皺紋（皺眉）的肌肉癱瘓，使得不好的面部表情不可能，意味著消極情緒難以維持。

→結果，面部肌肉缺乏消極情緒反饋，導致這些女性感覺更快樂。

Sepehr運用私人美容手術設置中的回顧性圖表審查（retrospective chart review），使用保留率（retention rates）來評估ONA **BOTOX**® 治療的患者之患者滿意度。(Sepehr A 2010)

→60名接受ONA **BOTOX**®注射的患者，保留率在70％至76％之間，表明患者滿意度高。(Sepehr A 2010)

Xie等人2014年的一項研究表明，252名ONA **BOTOX**®患者接受了咀嚼肌肥大治療（504例咬肌），總體患者滿意率為95.9％。(Xie Y 2014)

Dayan等在445例患者中，分析了2個III期RCT患者報告的結果，用於ONA **BOTOX**®治療魚尾紋線。(Dayan S 2015)

→在這些試驗中，與安慰劑相比，治療的患者經歷了顯著更大的心理改善和與年齡相關的影響，改善了魚尾紋外觀的看法和治療滿意度。

2.患者對AboBoNT-A DYSPORT® 的滿意程度

在2015年，**Molina**等報導了法國，德國，西班牙和英國525例患者的多中心，前瞻性，非介入性大規模觀察性研究，以評估ABO DYSPORT®治療皺眉紋後3周和4個月的患者滿意度。（Molina B 2015）

→大約一半的患者（252；47.9％）以前沒有在皺眉紋複合體中接受ABO DYSPORT®，而266名患者（50.6％）平均在本研究入選前12.7個月，在他們的glabellar地區接受了另一種BoNT-A產品。

→使用了兩種不同的滿意度問卷調查表，分別對**治療結果**和**維持時間**進行了分析。

→在兩個時間點上，均觀察到高度的滿意度，94.7％和89.6％的患者對第3周和第4週的美學結果滿意或非常滿意。

→患者對治療非常滿意，無論其基準線時的性別或嚴重程度如何，無論其是否接受觸摸注射（touch-up injection），以及它們是否未成接受過BoNT-A治療naive。

→在以前接受過另一種產品治療的患者中，51.2％的患者認為ABO DYSPORT®獲得的結果更好。

→滿意的主要原因包括積極的審美結果（positive aesthetic outcome），自然的外觀（natural appearance），休息時的外觀（rested look）和注射的舒適（comfort of injection）。

→整體治療滿意度高於對照治療後更為積極的自我感覺。治療後3週，82.0％的患者表示出現全效，97.5％的患者認為結果看起來很自然（natural），75.9％的患者覺得更有吸引力（more attractive）。

→儘管有20.0％的患者在給予治療前感覺他們的年齡大於實際年齡，但在第3週只有0.4％的患者和在第4個月時為0.8％。

→患者也覺得治療帶給他們「和諧（harmony）」，「自尊／信心（self-esteem／confidence）」或「青春（youth）」。

→這項研究表明，用BoNT-A治療皺眉紋條導致了高水平的患者滿意度，並且在注射4個月後，對應於更積極的自我認同（positive self-perception）。

其他研究表明，病患使用ABO DYSPORT® 治療的滿意度一般較高，與治療效果相關。（Ascher B 2004, Ascher B 2005, Lowe P 2006）

Rzany在對945例患者進行的上臉重複ABO DYSPORT® 治療的回顧性多國研究中，治療週期之間治療效果的患者滿意度為96.0％～98.9％。（Rzany B 2007）

→在治療週期之間，醫生評估到類似的高度滿意度，從88.0％到94.0％。

Kiripolsky一項2011年回顧性兩期研究，185例接受ABO治療的患者在8個月時間內進行動態面部線減少評估了ABO DYSPORT® 注射的療效和患者滿意度。（Kiripolsky MG 2011）85

→對於本研究的第一階段，以10U／0.1mL鹽水的濃度施用ABO DYSPORT®。

→在第二階段，產品以12U／0.1mL鹽水的濃度施用。

→在每個階段，對以下部位的動態皺紋進行了處理：魚尾紋（crow's feet）、木偶紋（depressor anguli oris）、抬頭紋（frontalis）、皺眉紋（glabella）、鼻紋（nasalis）、下巴紋（mentalis）、脖紋（platysmal bands）。

→治療部位的組合根據個體患者的需要而變化。

→總體而言，大多數患者對ABO DYSPORT® 滿意（第一階段為70.9％，第二階段為68％）。

Hexsel等人在1個IV期 RCT中，研究了全臉注射可變劑量的ABO **DYSPORT**®患者，它們的生活質量（quality of life）和滿意度（satisfaction）。（Hexsel D 2013）

→將90名患者（主要是婦女）隨機分為3組，預定總劑量範圍ABO，從120U變化到250 U。

→治療後6個月，患者完成了世界衛生組織生活質量（The World Health Organization Quality of Life ，WHOQOL-BREF）問卷和滿意度和自我評估問卷（Self-Assessment Questionnaire，SSQ）。

＊**WHOQOL-BREF**問卷由26個問題，4個不同領域：

（1）身體（physical）

（2）心理（psychological）

（3）社會關係（social relationships）

（4）環境（environmental）的問題組成。

（The World Health Organization 1996）

＊對於WHOQOL-BREF的生理（physical）部分，在基線和4週之間觀察到統計學差異（P＝0.036）。

＊然而，在4週內，所有人的平均成績差異均有統計學意義（P＜0.001）。

・**SSQ**包括9個問題，用於評估患者的皺紋（wrinkles），美麗（beauty），和諧（harmony）以及臉部對稱性（symmetry）。

＊平均等級組在皺紋數量（number of wrinkles），美感（beauty），和諧度（harmony）和對稱性（symmetry）方面沒有差異。

→使用可變劑量的ABO **DYSPORT**® 之全臉治療（full-face approach），導致了患者生活質量（quality of life）的顯著改善，他們形象的自我評估（self-assessment）以及與基線相比的滿意度（satisfaction）。

＊患者的意見還顯示，根據自我評估，治療後4個月內，他們的自我形像（self-grading）有所改善。

2016年，**Chang**等利用**FACE-Q**評估了BoNT-A治療皺眉紋前後的患者滿意度。（Chang BL 2016）

→57例符合分析資格的女性患者中有20例接受了ABO **DYSPORT**® 注射，其餘患者接受ONA **BOTOX**®（n＝18）或INCO（n＝19）。

→對於ABO **DYSPORT**® 治療的患者，患者對面部整體外觀的滿意度提高了18％，與其他BoNT-A組（ONA **BOTOX**® 29％，INCO **XEOMIN**® 36％）無統計學差異（P＝0.33）。

→患者對於注射BoNT-A後的年齡越來越滿意，認為在註射BoNT-A製劑後，他們的平均年齡是5.6歲。

→研究還確定，儘管患者滿意度（patient satisfaction），年齡增長（advancing age）和皺眉紋程度（degree of glabellar）呈逆轉趨勢，患者對BoNT-A的滿意度與患者年齡（patient age），皮膚顏色（skin color）或皮膚皺紋程度（degree of skin wrinkling）無關。

→這些研究的結果支持其他數據，表明ABO **DYSPORT**® 治療，對面部外觀的正面認知效應（positive patient-perceived effect）。

- **起效**和**持續時間**是對ABO **DYSPORT**® 治療的總體反應的標誌。值得注意的是，他們是患者**滿意度**的重要驅動因素，因為患者希望在早期治療之前盡可能早地獲得治療的好處，並儘可能長時間保持這些好處。

- 影響起效和持續時間的因素包括例如**產品**、目標**肌肉**的**劑量**以及患者的**性別**和**年齡**。其中一些可能是相互關聯的，可能不是普遍的。

- 關於這些因素如何影響他們的影響還有待於進一步闡明。由於BoNT-A的美學用途的文獻不斷增長，並且對於所治療的肌肉中的作用機制以及不同的BoNT-A產品之間的差異，還有更多的了解，可以改進治療方案以提供最佳的重建和給藥，為個體患者獲得最佳結果。

- 同時，每個病人都必須被視為個人，並且必須小心討論該過程的所有方面，以便管理患者的期望。

七、肉毒的臨床功能（Clinic Use）

肉毒桿菌的主要臨床功能有三：
1. 除皺
2. 除汗
3. 小肌

除汗功能：經由注射在腋下，造成皮脂腺活動減少。

我們的腋下皮膚有四種腺體，包括**小汗腺**、**大汗腺**（又稱頂漿腺）、**混合式汗腺**及**皮脂腺**，其中混合式汗腺同時具有大小汗腺的特徵，且汗液的分泌量可達一般小汗腺的七倍。

患有**狐臭**（或稱腋下臭汗症）的人，其腋下皮膚大汗腺的密度較高，腺體也較大。大汗腺的分泌物為黏稠乳白色，原本是沒有任何氣味的，但在經過皮膚表面的類白喉桿菌作用後，會產生短鏈脂肪酸、阿摩尼亞和揮發性硫化物，因而產生令人不適的氣味，在情緒緊張、運動、悶熱的環境下會更為明顯。由於大汗腺在青春期後才發育完全，所以狐臭的發病時機在青春期後最明顯。

腋下多汗症則是由小汗腺或混合式汗腺過度分泌造成，在情緒緊張或體溫升高時程度也會更嚴重，汗液的組成為水和氯化鈉，但在皮膚角質層和細菌作用後，也會造成不快的氣味。

所以，造成腋下狐臭的原因有二，一為多汗（hyperhidrosis）、一為皮脂腺分泌過多產生細菌滋生。

解決的方法，過去經由神經外科及胸腔外科醫師，以內視鏡交感神經切除術（endoscopic sympathectomy），使得局部無汗產生。

但歷經了近20年，代償性出汗的問題，卻造成許多人一輩子的夢魘（代償性出汗方面，有高達90%的患者出現代償性出汗症狀，且嚴重代償性出汗高達72%？？？我的數百例經驗，也只有兩三個嚴重代償性出汗）。

幾年前，還有幫八歲小妹妹的嚴重富貴手（嚴重脫皮及整夜抓癢難眠），進行自費手術改善，術後幾乎完全痊癒。但是現在衛生福利部規定，要成年及進行事前審查。所以這個手術，我也幾乎沒有再開了。

另外整形外科的方法，可經由腋下皮脂腺刮除術，減少皮脂分泌，也是一種侵犯性的方式，需要忍受全身麻醉、術後疼痛及恢復期長的缺點。現在可以經由肉毒桿菌素注射或是脈衝光、雷射光（755nm 亞歷山大雷射）除毛的微整方式，漸進式（處理活動期的毛髮）減少局部的汗及細菌，改善腋下多汗、臭味問題，改善人際關係，增加親近度。

除皺功能（抬頭紋、皺眉紋、魚尾紋）及**小肌功能**（小臉、國字臉、瘦小腿）是現在應用在微整的主力。

下面由臉部肌肉的介紹帶入肉毒桿菌毒素的微整治療。

相對而言，肉毒桿菌毒素的注射是較簡單入手的（一說幼稚園等級的臉部注射）。

注意事項

1.注射後四小時內，應避免按摩注射部位，以免藥劑移位，並應避免低頭、甩頭或平躺。

2.可在注射後數小時內做適當的臉部運動，以促進藥物作用。

3.**除皺**效果：

一般在注射三天後開始出現，一到兩週內效果可能更明顯。

有些人在前幾週表情較僵硬，之後會逐漸改善。效果約維持3-6個月。

4.**局部多汗症**之效果約3～7 天開始出現；

肌肉肥大之治療效果需要較久，約2～4 週才開始出現；

兩者的療效可維持較長，約6 個月左右。

5.注射後2週內視情況須回診檢查；若有任何不適則應立即回診。

參考資料（Referance）

1. Abbasi NR, D. M., Petrell K, Dover JS, Arndt KA, （2012）. "A small study of the relationship between abobotulinum toxin A concentration and forehead wrinkle reduction." Arch Dermatol 148（1）: 119-121.

2. Alam M, D. J., Arndt KA, （2002）. "Pain associated with injection of botulinum A exotoxin reconstituted using isotonic sodium chloride with and without preservative: a double- blind, randomized controlled trial. ." Arch Dermatol 138（4）: 510-514.

3. Allen SB, G. N. （2012）. "Pain difference associated with injection of abobotulinumtoxinA reconstituted with preserved saline and preservative-free saline: a prospective, randomized, side-by-side, double-blind study." Dermatol Surg 38（6）: 867-870.

4. Andrew Dorizas, N. K., Neil S Sadick, （2014）. "Aesthetic Uses of the Botulinum Toxin." Dermatologic clinics 32（1）: 23-36.

5. Aoki KR, R. D., Wissel J, （2006）. "Using translational medicine to understand clinical differences between botulinum toxin formulations." Eur. J. Neurol 13（Suppl. 4）: 10–19.

6. Ascher B, R. B., Grover R, （2009）. "Efficacy and safety of botulinum toxin type A in the treatment of lateral crow's feet: double-blind, placebo-controlled, dose-ranging study." Dermatol Surg 35（10）: 1478-1486.

7. Ascher B, Z. B., Kestemont P, （2005）. "Botulinum toxin A in the treatment of glabellar lines: scheduling the next injection." Aesthet Surg J 25（4）: 365-375.

8. Ascher B, Z. B., Kestemont P, Baspeyras M, Bougara A, Santini J, （2004）. "A multicenter, randomized, double-blind, placebo-controlled study of efficacy and safety of 3 doses of botulinum toxin A in the treatment of glabellar lines." J Am Acad Dermatol 51（2）: 223-233.

9. Atassi MZ （2004）. "Basic immunological aspects of botulinum toxin therapy." Mov. Disord 19（Suppl. 8）: S68–S84.

10. Atassi MZ （2006）. "On the enhancement of anti-neurotoxin antibody production by subcomponents HA1 and HA3b of Clostridium botulinum type B 16S toxin haemagglutinin." Microbiology 152: 1891–1895.

11. Bakheit AM, L. A., Newton R, Pickett AM, （2012）. "The effect of total cumulative dose, number of treatment cycles, interval between injections, and length of treatment on the frequency of occurrence of antibodies to botulinum toxin type A in the treatment of muscle spasticity." Int. J. Rehabil. Res 35: 36–39.

12. Benecke R （2012）. "Clinical relevance of botulinum toxin immunogenicity." BioDrugs 26（2）: e1-e9.

13. Benecke R, J. W., Kanovsky P, Ruzicka E, Comes G, Grafe S, （2005）. "A new botulinum toxin type A free of complexing proteins for treatment of cervical dystonia." Neurology 64: 1949–1951.

14. Bentivoglio AR, I. T., Bove F, de Nigris F, Fasano A, （2012）. "Retrospective evaluation of the dose equivalence of **BOTOX**® and **DYSPORT**® in the management of blepharospasm and hemifacial spasm: A novel paradigm for a never ending story." Neurol. Sci 33: 261–267.

15. Bethesda MD （2008）. "Botulinum toxin." American Society of Health-System Pharmacists.

16. Bigalke H （2009）. "Properties of pharmaceutical products of botulinum neurotoxins." 389–397.

17. Bonaparte JP, E. D., Quinn JG, Ansari MT, Rabski J, Kilty SJ. （2013）. "A comparative assessment of three formulations of botulinum toxin A for facial rhytides: a systematic review and meta-analyses." Syst Rev 2: 40.

18. Borodic G （2006）. "Immunologic resistance after repeated botulinum toxin type a injections for facial rhytides. ." Ophthal Plast Reconstr Surg 22 （3）: 239-240.

19. Borodic G （2007）. "Botulinum toxin, immunologic considerations with long-term repeated use, with emphasis on cosmetic applications." Facial Plast Surg Clin North Am 15 （1）: 11-16.

20. Borodic GE, F. R., Pearce LB, Smith K, （1994）. "Histologic assessment of dose-related diffusion and muscle fiber response after therapeutic botulinum A toxin injections." Mov Disord. 9 （1）: 31-39.

21. Brandt F, S. N., Baumann L, Huber B, （2009）. "Randomized, placebo-controlled study of a new botulinum toxin type a for treatment of glabellar lines: efficacy and safety." Dermatol Surg 35 （12）: 1893-1901.

22. Brockmann K, S. K., Beck G, Wächter T, （2012）. "Comparison of different preparations of botulinumtoxinA in the treatment of cervical dystonia." Neurol. Asia 17: 115–119.

23. Brodsky MA, S. D., Grimes D, （2012）. "Diffusion of botulinum toxins." Tremor Other Hyperkinet Mov （N Y） 2 （pii）: tre-02-85-417-411.

24. Brodsky MA, S. D., Grimes D, （2012）. "Diffusion of botulinum toxins." Tremor Other Hyperkinet Mov （N Y） 2 （pii）: tre-02-85-417-411.

25. Brodsky MA, S. D., Grimes D, （2012 ）. "Diffusion of botulinum toxins." Tremor Other Hyperkinet. Mov 2: 1346.

26. Carli L, M. C., Rossetto O, （2009）. "Assay of diffusion of different botulinum neurotoxin type A formulations injected in the mouse leg." Muscle Nerve 40: 374–380.

27. Carruthers A, C. J. （1998）. "History of the cosmetic use of botulinum A exotoxin." Dermatol Surg 24 （11）: 1168-1170.

28. Carruthers A, C. J. （2010）. "A validated facial grading scale: the future of facial ageing measurement tools?" J Cosmet Laser Ther 12 （5）: 235-241.

29. Carruthers A, K. M., Flynn TC, （2013）. "The convergence of medicine and neurotoxins: a focus on botulinum toxin type A and its application in aesthetic medicine—a global, evidence-based botulinum toxin consensus education initiative: part I: botulinum toxin in clinical and cosmetic practice." Dermatol Surg 39 （3 Pt 2）: 493-509.

30. Carruthers JD, C. J. （1992）. "Treatment of glabellar frown lines with C. botulinum-A exotoxin." J Dermatol Surg Oncol 18 （1）: 17-21.

31. Carruthers JD, G. R., Blitzer A; Facial Aesthetics Consensus Group Faculty. （2008）. "Advances in facial rejuvenation: botulinum toxin type a, hyaluronic acid dermal fillers, and combination therapies—consensus recommendations." Plast Reconstr Surg 121（5 Suppl）: 5S-30S.

32. Cavallini M, C. P., Fundarò SP, （2014）. "Safety of botulinum toxin A in aesthetic treatments: a systematic review of clinical studies." Dermatol Surg 40（5）: 525-536.

33. Chang BL, W. A., Taglienti AJ, Chang CS, Folsom N, Percec I, （2016）. "Patient perceived benefit in facial aesthetic procedures: FACE-Q as a tool to study botulinum toxin injection outcomes." Aesthet Surg J 36（7）: 810-820.

34. Chang CS, W. C., Hsiao YC, Chang CJ, Chen PK, （2014）. "Botulinum toxin to improve results in cleft lip repair: a double-blinded, randomized, vehicle-controlled clinical trial." PLoS One 9（12）: e115690.

35. Chang YS, C. C., Shen JH, Chen YT, Chan KK, （2015）. "Nonallergic eyelid edema after botulinum toxin type a injection: case report and review of literature." Medicine （Baltimore）94（38）: e1610.

36. Cheng CM （2007）. "Cosmetic use of botulinum toxin type A in the elderly." Clin Interv Aging. 2（1）: 81-83.

37. Chertow DS, T. E., Maslanka SE, （2006）. "Botulism in 4 adults following cosmetic injections with an unlicensed, highly concentrated botulinum preparation." JAMA Dermatol 296（20）: 2476-2479.

38. Choi YJ, W. S., Lee JG, （2016）. "Characterizing the Lateral Border of the Frontalis for Safe and Effective Injection of Botulinum Toxin." Aesthet Surg J 36（3）: 344-348.

39. Cohen J, S. N. （2017）. "Safety and patient satisfaction of AbobotulinumtoxinA for aesthetic use: a systematic review." Aesthet Surg J 37（Suppl 1）: 32-44.

40. Cohen JL, S. J., Cox SE, Lin X; Reloxin Investigational Group. （2009）. "An analysis of the long-term safety data of repeat administrations of botulinum neurotoxin type A-ABO for the treatment of glabellar lines." Aesthet Surg J 29（6 Suppl）: S43-S49.

41. Conkling N, B. M., Phillips BT, Bui DT, Khan SU, Dagum AB, （2012）. "Subjective rating of cosmetic treatment with botulinum toxin type A: do existing measures demonstrate interobserver validity?." Ann Plast Surg 69（4）: 350-355.

42. Costa A, P. P. E., de Oliveira Pereira M, （2012）. "Comparative study of the diffusion of five botulinum toxins type-A in five dosages of use: are there differences amongst the commercially-available products?" DermatolOnline J 18（11）: 2.

43. Costin BR, P. T., Sakolsatayadorn N, Rubinstein TJ, McBride JM, Perry JD, （2015）. "Anatomy and histology of the frontalis muscle." Ophthal Plast Reconstr Surg 31（1）: 66-72.

44. Cousins SW, G. R., Howes EL, Jr, Rosenbaum JT, （1984）. "Endotoxin-induced uveitis in the rat: observations on altered vascular permeability, clinical findings, and histology." Exp Eye Res. 39: 665–676.

45. Cox SE, F. J., Stetler L, Mackowiak J, Kowalski JW, （2003）. "Development of the facial lines treatment satisfaction questionnaire and initial results for botulinum toxin type A-treated patients." Dermatol Surg 29（5）: 444-449; discussion 449.
46. Dayan S, C. W. r., Dover JS, （2015）. "Effects of onabotulinumtoxinA treatment for crow's feet lines on patient-reported outcomes." Dermatol Surg 41（Suppl 1）: S67-S74.
47. De Boulle K, F. S., Sommer B, Glogau R, （2010）. "Treating glabellar lines with botulinum toxin type A-hemagglutinin complex: a review of the science, the clinical data, and patient satisfaction." Clin Interv Aging. 5: 101-118.
48. De Maio M （2008）. "Therapeutic uses of botulinum toxin: from facial palsy to autonomic disorders. ." Expert Opin Biol Ther 8: 791-798.
49. de Oliveira Monteiro E （2006）. "Botulinum toxin and pregnancy." Skinmed 5（6）: 308.
50. Dessy LA, F. N., Mazzocchi M, Scuderi N, （2011）. "Botulinum toxin for glabellar lines: a review of the efficacy and safety of currently available products." Am J Clin Dermatol 12（6）: 377-388.
51. Dressler D （2002）. "Clinical features of antibody-induced complete secondary failure of botulinum toxin therapy." Eur. Neurol 48: 26–29.
52. Dressler D （2004）. "Clinical presentation and management of antibody-induced failure of botulinum toxin therapy." Mov Disord 19（Suppl 8）: S92-S100.
53. Dressler D, B. R. （2007）. "Pharmacology of therapeutic botulinum toxin preparations." Disabil Rehabil 29: 1761-1768.
54. Dressler D, B. R. （2010）. "Botulinum toxin for treatment of dystonia." Eur J Neurol 17（Suppl 1）: 88-96.
55. Dressler D, H. M. （2006）. "Immunological aspects of **BOTOX**®, **DYSPORT**® and Myobloc/NeuroBloc. ." Eur J Neurol 13（Suppl 1）: 11-15.Dressler D, M. G., Fink K, （2012）. "Measuring the potency labelling of onabotulinumtoxinA （**BOTOX**®） and incobotulinumtoxinA （**XEOMIN**®） in an LD50 assay." J. Neural Transm. 119: 13–15.
56. Dressler D, W. K., Meyer-Rogge E, Wiest L, Bigalke H, （2010）. "Antibody-induced failure of botulinum toxin a therapy in cosmetic indications." Dermatol Surg 36（Suppl 4）: 2182-2187.
57. Dubina M, T. R., Bolotin D, （2013）. "Treatment of forehead/glabellar rhytide complex with combination botulinum toxin a and hyaluronic acid versus botulinum toxin A injection alone: a split-face, raterblinded, randomized control trial. ." J Cosmet Dermatol 12（4）: 261-266.
58. Eisele KH, F. K., Vey M, Taylor HV, （2011）. "Studies on the dissociation of botulinum neurotoxin type A complexes." Toxicon 57（4）: 555-565.
59. Eisele KH, F. K., Vey M, Taylor HV, （2011）. "Studies on the dissociation of botulinum neurotoxin type A complexes." Toxicon 57: 555–565.
60. Erbguth FJ, N. M. （1999）. "Historical aspects of botulinum toxin: Justinus Kerner （1786-1862） and the "sausage poison"." Neurology 10（53（8））: 1850-1853.

61. Erickson BP, L. W., Cohen J, Grunebaum LD, （2015）. "The role of neurotoxins in the periorbital and midfacial areas." Facial Plast Surg Clin North Am 23 （2）: 243-255.

62. Fabi SG, S. H., Guiha I, Goldman MP, （2013）. "A two center, open-label, randomized, split-face study to assess the efficacy and safety of one versus three intradermal injection sites of abobotulinumtoxinA in the treatment of lateral periocular rhytides." J Drugs Dermatol 12 （8）: 932-937.

63. Fagien S, C. J. （2008）. "A comprehensive review of patient-reported satisfaction with botulinum toxin type a for aesthetic procedures." Plast Reconstr Surg 122 （6）: 1915-1925.

64. Flaminia P （2016）. "Conversion Ratio between **BOTOX**®, **DYSPORT**®, and **XEOMIN**® in Clinical Practice." Toxins 8 （3）: 65.

65. Foster KA, B. H., Aoki KR, （2006）. "Botulinum neurotoxin - from laboratory to bedside." Neurotox Res. 9 （2-3）: 133-140.

66. Frevert J （2010）. "Content of botulinum neurotoxin in **BOTOX**®/Vistabel, **DYSPORT**®/Azzalure, and **XEOMIN**®/Bocouture." Drugs R & D 10: 67–73.

67. Frevert J （2015）. "Pharmaceutical, biological, and clinical properties of botulinum neurotoxin type A products. ." Drugs R D 15 （1）: 1-9.

68. Frevert J （2015）. "Pharmaceutical, biological, and clinical properties of botulinum neurotoxin type A products. ." Drugs R D 15 （1）: 1-9.

69. Gadhia K, W. A. （2009）. "Facial aesthetics: is botulinum toxin treatment effective and safe? A systematic review of randomised controlled trials." Br Dent J. 207 （5）: E9.

70. Garcia A, F. J. J. （1996）. "Cosmetic denervation of the muscles of facial expression with botulinum toxin. A dose-response study." Dermatol Surg 22 （1）: 39-43.

71. Gendler E, N. A. （2015）. "Aesthetic use of BoNT: options and outcomes." Toxicon 107 （（Pt A）: 120-128.

72. Glogau R, B. B., Kane M. （2015）. "Assessment of Botulinum Toxin Aesthetic Outcomes: Clinical Study vs Real-World Practice." JAMA Dermatol 151 （11）: 1177-1178.

73. Gonzalez-Freire M, d. C. R., Studenski SA, Ferrucci L, （2014）. "The Neuromuscular Junction: Aging at the Crossroad between Nerves and Muscle." Front Aging Neurosci 6: 208.

74. Greene P, F. S., Diamond B, （1994）. "Development of resistance to botulinum toxin type A in patients with torticollis." Mov Disord 9 （2）: 213-217.

75. Hambleton P, P. A. （1994）. "Potency equivalence of botulinum toxin preparations." J. R. Soc. Med 87: 719.

76. Hambleton P, P. A. （1994）. "Potency equivalence of botulinum toxin preparations." J R Soc Med 87: 719.

77. Helbig H, K. K., Gurley RC, Thurau SR, Palestine AG, Nussenblatt RB, （1990）. "Endotoxin-induced production of inflammatory mediators by cultured ciliary epithelial cells." Curr Eye Res 9: 501–505.

78. Herrmann J, G. K., Mall V, （2004）. "Clinical impact of antibody formation to botulinum toxin A in children." Ann Neurol 55: 732–735.

79. Hexsel C, H. D., Porto MD, Schilling J, Siega C, （2011）. "Botulinum toxin type A for aging face and aesthetic uses." Dermatol Ther 24 （1）: 54-61.

80. Hexsel D, B. C., do Prado DZ, （2012）. "Field effect of two commercial preparations of botulinum toxin type A: a prospective, double-blind, randomized clinical trial." J Am Acad Dermatol 67 （2）: 226-232.

81. Hexsel D, B. C., Porto MD, （2013）. "Quality of life and satisfaction of patients after full-face injections of abobotulinum toxin type A: a randomized, phase IV clinical trial." J Drugs Dermatol 12 （12）: 1363-1367.

82. Hexsel D, B. C., Porto MD, （2013）. "Full-face injections of variable total doses of abobotulinum toxin type A: A randomized, phase IV clinical trial of safety and efficacy." J Drugs Dermatol 12 （12）: 1356-1362.

83. Hexsel D, D. F. T., Hexsel C, Do Prado DZ, Lima MM, （2008）. "A randomized pilot study comparing the action halos of two commercial preparations of botulinum toxin type A." Dermatol Surg 34 （1）: 52-59.

84. Hexsel D, H. C., Siega C, Schilling-Souza J, Rotta FT, Rodrigues TC, （2013）. "Fields of effects of 2 commercial preparations of botulinum toxin type A at equal labeled unit doses: a double-blind randomized trial. ." JAMA Dermatol 149 （12）: 1386-1391.

85. Hexsel D, R. M., de Castro LC, do Prado DZ, Lima MM, （2009）. "Blind multicenter study of the efficacy and safety of injections of a commercial preparation of botulinum toxin type A reconstituted up to 15 days before injection." Dermatol Surg 35 （6）: 933-939.

86. Hexsel DM, D. A. A., Rutowitsch M, （2003）. "Multicenter, double-blind study of the efficacy of injections with botulinum toxin type A reconstituted up to Downloaded from six consecutive weeks before application." Dermatol Surg 29 （5）: 523-529.

87. Hirofumi Sasajima, S. Y., Hiromu Osada, and Masahiro Zako （2017）. "Botulinum toxin-induced acute anterior uveitis in a patient with Behçet's disease under infliximab treatment: a case report. " J Med Case Rep 11: 124.

88. Ho MC, H. W., Hsieh YT, （2014）. "Botulinum toxin type a injection for lateral canthal rhytids: effect on tear film stability and tear production." JAMA Ophthalmol 132 （3）: 332-337.

89. Honeck P, W. C., Sterry W, Rzany B; Gladys study group. （2003）. "Reproducibility of a four-point clinical severity score for glabellar frown lines." Br J Dermatol 149 （2）: 306-310.

90. Hund T, A. B., Rzany B ; SMILE STUDY GROUP. （2006）. "Reproducibility of two four-point clinical severity scores for lateral canthal lines （crow's feet）." Dermatol Surg 32 （10）: 1256-1260.

91. Jablonka EM, S. D., Gassner HG, （2012）. "Botulinum toxin to minimize facial scarring." Facial Plast Surg 28 （5）: 525-535.

92. Jankovic J, E. A., Fehlings D, Freitag F, Lang A, Naumann M, （2004）. "Evidence-based review of patient-reported outcomes with botulinum toxin type A." Clin. Neuropharmacol 27: 234–244.

93. Jost WH, B. m. J., Grafe S, （2007）. "Botulinum neurotoxin type A free of complexing proteins （**XEOMIN**®） in focal dystonia. Drugs." 67 669-683.

94. Jost WH, K. A., Brinkmann S, Comes G, （2005）. "Efficacy and tolerability of a botulinum toxin type A free of complexing proteins （NT 201） compared with commercially available botulinum toxin type A （**BOTOX®**） in healthy volunteers." J. Neural Transm. 112: 905–913.

95. Kane M, D. L., Ascher B, （2010）. "Expanding the use of neurotoxins in facial aesthetics: a consensus panel's assessment and recommendations." J Drugs Dermatol. 9（1 Suppl）: s7-s22; quiz s23.

96. Kane MA, B. A., Brandt FS, （2012）. "Development and validation of a new clinically-meaningful rating scale for measuring lateral canthal line severity." Aesthet Surg J 32（3）: 275-285.

97. Kane MA, B. F., Rohrich RJ, Narins RS, Monheit GD, Huber MB; Reloxin Investigational Group. （2009）. "Evaluation of variable-dose treatment with a new U.S. Botulinum Toxin Type A （**DYSPORT®**） for correction of moderate to severe glabellar lines: results from a phase III, randomized, double- blind, placebo-controlled study." Plast Reconstr Surg 124 （5）: 1619-1629.

98. Kane MAC, M. G. （2017）. "ThepracticaluseofAbobotulinumtoxinA in aesthetics." Aesthet Surg J 37（Suppl 1）: 12-19.

99. Karsai S, R. C. （2009）. "Current evidence on the unit equivalence of different botulinum neurotoxin A formulations and recommendations for clinical practice in dermatology." Dermatol Surg 35（1）: 1-8.

100. Kassir R, K. A., Kassir M, （2013）. "Triple-Blind, Prospective, Internally Controlled Comparative Study Between AbobotulinumtoxinA and OnabotulinumtoxinA for the Treatment of Facial Rhytids." Dermatol Ther （Heidelb） 3（2）: 179-189.

101. Keaney TC, A. T. （2013）. "Botulinum toxin in men: review of relevant anatomy and clinical trial data." Dermatol Surg 39（10）: 1434-1443.

102. Keren-Capelovitch T, J. T., Fattal-Valevski A, （2010）. "Upper extremity function and occupational performance in children with spastic cerebral palsy following lower extremity botulinum toxin injections." J. Child Neurol 25: 694–700.

103. Kerscher M, R. S., Becker A, Wigger-Alberti W, （2012）. "Comparison of the spread of three botulinum toxin type A preparations." Arch Dermatol Res 304（2）: 155-161.

104. Kiripolsky MG, G. M. （2011）. "Safety and efficacy of administering abobotulinumtoxinA through a single injection point when treating lateral periocular rhytides." J Cosmet Dermatol 10（3）: 232-234.

105. Kiripolsky MG, P. J., Guiha I, Goldman MP, （2011）. "A two-phase, retrospective analysis evaluating efficacy of and patient satisfaction with abobotulinumtoxina used to treat dynamic facial rhytides." Dermatol Surg 37（10）: 1443-1447.

106. Klassen AF, C. S., Scott A, Snell L, Pusic AL, （2010）. "Measuring patient-reported outcomes in facial aesthetic patients: development of the FACE-Q." Facial Plast Surg 26（4）: 303-309.

107. Klein AW, C. A., Fagien S, Lowe NJ, （2004）. "Complications with the use of botulinum toxin." Dermatol Clin 22（2）: 197-205.

108. Klein AW, C. A., Fagien S, Lowe NJ, （2008）. "Comparisons among botulinum toxins: an evidence-based review." Plast Reconstr Surg 121 （6）: 413e-422e.

109. Klein FH, B. F., Sato MS, Robert FM, Helmer KA, （2014）. "Lower facial remodeling with botulinum toxin type A for the treatment of masseter hypertrophy." An Bras Dermatol 89 （6）: 878-884.

110. Koizumi K, P. V., Doehmen S, Welsandt G, Radetzky S, Lappas A, Kociok N, Kirchhof B, Joussen AM, （2003）. "Contribution of TNF-alpha to leukocyte adhesion, vascular leakage, and apoptotic cell death in endotoxin-induced uveitis in vivo." Invest Ophthalmol Vis Sci. 44: 2184–2191.

111. Kollewe K, M. B., Dengler R, Dressler D, （2010）. "Hemifacial spasm and reinnervation synkinesias: Long-term treatment with either **BOTOX**® or **DYSPORT**®." J. Neural Transm. 177: 759–763.

112. Kollewe K, M. B., Köhler S, Pickenbrock H, Dengler R, Dressler D, （2015）. "Blepharospasm: Long-term treatment with either **BOTOX**®, **XEOMIN**® or **DYSPORT**®." J. Neural Transm 122: 427–431.

113. Kowalski J, K. C., Reese PR, Slaton T, Lee J, （2005）. "Initial development of a patient-completed questionnaire to assess outcomes of aesthetic treatment for hyperfunctional facial lines of the upper face. [poster] " American Academy of Dermatology

114. Academy's 2005 Annual Meeting.

115. Kranz G, H. D., Voller B, （2009）. "Respective potencies of **BOTOX**® and **DYSPORT**® in a human skin model: a randomized, double-blind study." Mov Disord. 24 （2）: 231-236.

116. Kranz G, S. T., Voller B, Kranz GS, Schnider P, Auff E, （2008）. "Neutralizing antibodies in dystonic patients who still respond well to botulinum toxin type A." Neurology 70 （2）: 133-136.

117. Kromminga A, S. H. （2005）. "Antibodies against erythropoietin and other protein based therapeutics: An overview." Ann. N.Y. Acad. Sci 1050: 257–265.

118. Kufoy EA, F. K., Fox A, Parks C, Pakalnis VA, （1990）. "Modulation of the blood-aqueous barrier by gram positive and gram negative bacterial cell wall components in the rat and rabbit." Exp Eye Res. 50: 189–195.

119. Kukreja R, C. T.-W., Cai S, Lindo P, Riding S, Zhou Y, Ravichandran E, Singh BR, （2009）. "Immunological characterization of the subunits of type A botulinum neurotoxin and different components of its associated proteins." Toxicon 53: 616–624.

120. Lange O, B. H., Dengler R, Wegner F, deGroot M, Wohlfarth K, （2009）. "Neutralizing antibodies and secondary therapy failure after treatment with botulinum toxin type A: much ado about nothing?" Clin Neuropharmacol 32 （4）: 213-218.

121. Lange O, B. H., Dengler R, Wegner F, deGroot M, Wohlfarth K, （2009）. "Neutralizing antibodies and secondary therapy failure after treatment with botulinum toxin type A: much ado about nothing? ." Clin Neuropharmacol. 32 （4）: 213-218.

122. Lawrence I, M. R. （2009）. "An evaluation of neutralizing antibody induction during treatment of glabellar lines with a new US formulation of botulinum neurotoxin type A." Aesthet Surg J 29 （6 Suppl）: S66-S71.

123. Lee HH, K. S., Lee KJ, Baik HS, （2015）. "Effect of a second injection of botulinum toxin on lower facial contouring, as evaluated using 3-dimensional laser scanning." Dermatol Surg 41 （4）: 439-444.

124. Lee SH, W. S., Kim HJ, （2013）. "Abobotulinum toxin A and onabotulinum toxin A for masseteric hypertrophy: a splitface study in 25 Korean patients." J Dermatolog Treat 24 （2）: 133-136.

125. Lee SK （2007）. "Antibody-induced failure of botulinum toxin type A therapy in a patient with masseteric hypertrophy." Dermatol Surg 33 （1 Spec No）: S105-S110.

126. Lewis MB, B. P. （2009）. "Botulinum toxin cosmetic therapy correlates with a more positive mood." J Cosmet Dermatol 8 （1）: 24-26.

127. Liberati A, A. D., Tetzlaff J, （2009）. "The PRISMA statement for reporting systematic reviews and meta-analyses of studies that evaluate healthcare interventions: explanation and elaboration." BMJ 339: b2700.

128. Lorenc ZP, S. S., Nestor M, Nelson D, Moradi A, （2013）. "Understanding the functional anatomy of the frontalis and glabellar complex for optimal aesthetic botulinum toxin type A therapy." Aesthetic Plast Surg 37 （5）: 975-983.

129. Lowe P, P. R., Lowe N, （2006）. "Comparison of two formulations of botulinum toxin type A for the treatment of glabellar lines: a double-blind, randomized study." J Am Acad Dermatol 55 （6）: 975-980.

130. Maas C, K. M., Bucay VW, （2012）. "Current aesthetic use of abobotulinumtoxinA in clinical practice: an evidence-based consensus review." Aesthet Surg J 32 （1 Suppl）: 8S-29S.

131. Marchetti A, M. R., Findley L, Larsen JP, Pirtosek Z, Ruzicka E, Jech R, S awek J, Ahmed F, （2005）. "Retrospective evaluation of the dose of DYSPORT® and BOTOX® in the management of cervical dystonia and blepharospasm: The REAL DOSE study." Mov. Disord 20: 937–944.

132. Marion MH, H. M., Grunewald R, Wimalaratna S, （2016）. "British Neurotoxin Network recommendations for managing cervical dystonia in patients with a poor response to botulinum toxin." Pract Neurol 16 （4）: 288-295.

133. Marion MH, S. M., Sangla S, Soulayrol S, （1995）. "Dose standardisation of botulinum toxin." J. Neurol. Neurosurgery Psychiatry 59: 102–103.

134. Matarasso A, S. D. （2009）. "Botulinum neurotoxin type A-ABO （DYSPORT®）: clinical indications and practice guide." Aesthet Surg J 29 （6 Suppl）: S72-S79.

135. McHugh ML （2012）. "Interrater reliability: the kappa statistic." Biochem Med （Zagreb） 22 （3）: 276-282.

136. McLellan K, D. R., Ekong TA, Sesardic D, （1996）. "Therapeutic botulinum type A toxin: Factors affecting potency." Toxicon 34: 975–985.

137. Mege JL, D. N., Sanguedolce V, Gul A, Bongrand P, Roux H, Ocal L, Inanç M, Capo C, （1993）. "Overproduction of monocyte derived tumor necrosis factor alpha, interleukin （IL） 6, IL-8 and increased neutrophil superoxide generation in Behçet' s disease. A comparative study with familial Mediterranean fever and healthy subjects. J Rheumatol." 20: 1544–1549.

138. Michaels BM, C. G., Ryb GE, Eko FN, Rubin A, （2012）. "Prospective randomized comparison of onabotulinumtoxinA （**BOTOX**®） and abobotulinumtoxinA （**DYSPORT**®） in the treatment of forehead, glabellar, and periorbital wrinkles." Aesthet Surg J 32 （1）: 96-102.

139. Mohammadi B, B. N., Bigalke H, Krampfl K, Dengler R, Kollewe K, （2009）. "A long-term follow up of botulinum toxin A in cervical dystonia." Neurol. Res 31: 463–466.

140. Molina B （2015）. "Patient satisfaction after the treatment of glabellar lines with Botulinum toxin type A （Speywood Unit）: a multi-centre European observational study." J Eur Acad Dermatol Venereol. 29 （7）: 1382-1388.

141. Monheit G, C. A., Brandt F, Rand R, （2007）. "A randomized, double-blind, placebo-controlled study of botulinum toxin type A for the treatment of glabellar lines: determination of optimal dose." Dermatol Surg 33 （1 Spec No.）: S51-S59.

142. Monheit G, P. A. （2017）. "AbobotulinumtoxinA: a 25-year history." Aesthet Surg J 37 （Suppl 1）: 4-11.

143. Monheit GD, C. J. R. I. G. （2009）. "Long-term safety of repeated administrations of a new formulation of botulinum toxin type A in the treatment of glabellar lines: interim analysis from an open-label extension study." J Am Acad Dermatol. 61 （3）: 421-425.

144. Morgan JC, I. S., Moser ET, Singer C, Sethi KD, （2006）. "Botulinum toxin A during pregnancy: a survey of treating physicians." J Neurol Neurosurg Psychiatry 77 （1）: 117-119.

145. Moy R, M. C., Monheit G, Huber MB; Reloxin Investigational Group. （2009）. "Long-term safety and efficacy of a new botulinum toxin type A in treating glabellar lines." Arch Facial Plast Surg 11 （2）: 77-83.

146. Naumann M, C. A., Carruthers J, （2010）. "Metaanalysis of neutralizing antibody conversion with onabotulinumtoxinA （**BOTOX**®） across multiple indications." Mov Disord. 25 （13）: 2211-2218.

147. Nestor M, A. G., Pickett A, （2017）. "Key parameters of Abobotulinumtoxin A in aesthetics: onset and duration." Aesthet Surg J 37 （Suppl 1）: 20-31.

148. Nestor MS, A. G. （2011）. "Comparing the clinical attributes of abobotulinumtoxinA and onabotulinumtoxinA utilizing a novel contralateral Frontalis model and the Frontalis Activity Measurement Standard." J Drugs Dermatol 10 （10）: 1148-1157.

149. Nestor MS, A. G. （2011）. "Duration of action of abobotulinumtoxina and onabotulinumtoxina: a randomized, double-blind study using a contralateral frontalis model." J Clin Aesthet Dermatol. 4 （9）: 43-49.

150. Newman WJ, D. T., Padaliya BB, （2004）. "Botulinum toxin type A therapy during pregnancy." Mov Disord 19 （11）: 1384-1385.

151. Nussgens Z （1997）. "Comparison of two botulinum toxin preparations in the treatment of essential blepharospasm." Graefe＇s Arch. Clin. Exp. Ophthalmol 235: 197–199.

152. Odergren T, H. H., Kaakkola S, Solders G, Hanko J, Fehling C, Marttila RJ, Lundh H, Gedin S, Westergren I, （1998）. "A double-blind, randomised, parallel group study to investigate the dose equivalence of **DYSPORT**® and **BOTOX**® in the treatment of cervical dystonia." J. Neurol. Neurosurgery Psychiatry 64: 6–12.

153. Oliveira de Morais O, M. R.-F. E., Vilela Pereira L, Martins Gomes C, Alves G, （2012）. "Comparison of four botulinum neurotoxin type A preparations in the treatment of hyperdynamic forehead lines in men: a pilot study." J Drugs Dermatol 11（2）：216-219.

154. Panchapakesan V, K. A., Cano SJ, Scott AM, Pusic AL, （2013）. "Development and psychometric evaluation of the FACE-Q aging appraisal scale and patient-perceived age visual analog scale." Aesthet Surg J 33（8）：1099-1109.

155. Park J, L. M., Harrison AR, （2011）. "Profile of **XEOMIN**®（incobotulinumtoxinA）for the treatment of blepharospasm." Clin Ophthalmol 5: 725-732.

156. Paul M （2009）. " Controversy: botulinum toxin in pregnancy." J Cutan Aesthet Surg 2（1）：4-5.

157. Pena MA, A. M., Yoo SS, （2007）. "Complications with the use of botulinum toxin type A for cosmetic applications and hyperhidrosis." Semin Cutan Med Surg 26（1）：29-33.

158. Pickett A （2009）. "**DYSPORT**®: pharmacological properties and factors that influence toxin action." Toxicon 54（5）：683-689.

159. Pickett A （2011）. "Evaluating botulinum toxin products for clinical use requires accurate, complete, and unbiased data." Clin Ophthalmol 5: 1287-1290.

160. Pickett A, C. D. （2009）. "Discussion regarding botulinum toxin, immunologic considerations with long-term repeated use, with emphasis on cosmetic applications. Minimal risk of antibody formation after aesthetic treatment with type a botulinum toxin." Facial Plast Surg Clin North Am 17（4）：633-634; discussion 634.

161. Pickett A, O. K. R., Panjwani N, （2007）. "The protein load of therapeutic botulinum toxins. ." Eur J Neurol 14: e11.

162. Poewe W （2002）. "Respective potencies of **BOTOX**® and **DYSPORT**®: A double blind, randomised, crossover study incervical dystonia." J. Neurol. Neurosurgery Psychiatry: 72.

163. Pusic AL, K. A., Scott AM, Cano SJ, （2013）. "Development and psychometric evaluation of the FACE-Q satisfaction with appearance scale: a new patient-reported outcome instrument for facial aesthetics patients." Clin Plast Surg 40（2）：249-260.

164. Ranoux D, G. C., Fondarai J, Mas JL, Zuber M, （2002）. "Respective potencies of **BOTOX**® and **DYSPORT**®: A double-blind, randomised, crossover study in cervical dystonia." J. Neurol. Neurosurgery Psychiatry 72: 459–462.

165. Rappl T, P. D., Friedl H, （2013）. "Onset and duration of effect of incobotulinumtoxinA, onabotulinumtoxinA, and abobotulinumtoxinA in the treatment of glabellar frown lines: a randomized, double-blind study." Clin Cosmet Investig Dermatol 6: 211-219.

166. Ravenni, R. R. （2013）. "Conversion ratio between **DYSPORT**® and **BOTOX**® in clinical practice: an overview of available evidence." Neurological Sciences. 34 （7）: p1043-1048.

167. Redaelli A （2008）. "Medical rhinoplasty with hyaluronic acid and botulinum toxin A: a very simple and quite effective technique." J Cosmet Dermatol 7 （3）: 210-220.

168. Rivers JK, B. V., McGillivray W, （2015）. "Subject satisfaction with onabotulinumtoxinA treatment of glabellar and lateral canthal lines using a new patient-reported outcome measure." Dermatol Surg 41 （8）: 950-959.

169. Roche N, S. A., Genet FF, Durand MC, Bensmail D, （2008）. "Undesirable distant effects following botulinum toxin type A injection." Clin. Neuropharmacol 31: 272–280.

170. Roggenkamper P, J. W., Bihari K, Comes G, Grafe S, （2006）. "NT 201 blepharospasm study team Efficacy and safety of a new botulinum toxin type A free of complexing proteins in the treatment of blepharospasm." J. Neural Transm. 113: 303–312.

171. Rosales RL, B. H., Dressler D, （2006）. "Pharmacology of botulinum toxin: Differences between type A preparations." Eur. J. Neurol 13 （Suppl. 1）: 2–10.

172. Rubin M, D. J., Maas C, Nestor M, （2009）. "An analysis of safety data from five phase III clinical trials on the use of botulinum neurotoxin type A-ABO for the treatment of glabellar lines." Aesthet Surg J 29 （6 Suppl）: S50-S56.

173. Rubin MG, D. J., Glogau RG, Goldberg DJ, Goldman MP, Schlessinger J, （2009）. "The efficacy and safety of a new U.S. Botulinum toxin type A in the retreatment of glabellar lines following open-label treatment." J Drugs Dermatol 8 （5）: 439-444.

174. Rystedt A, N. D., Naver H, （2012）. "Clinical experience of dose conversion ratios between toxin products in the treatment of cervical dystonia." Clin. Neuropharmacol 35: 278–282.

175. Rystedt A, Z. L., Burman J, Nyholm D, Johansson A, （2015）. "A comparison of **BOTOX**® 100 U/mL and **DYSPORT**® 100 U/mL using dose conversion ratio 1:3 and 1:1.7 in the treatment of cervical dystonia: A double-Blind, randomized, crossover trial." Clin. Neuropharmacol 38: 170–176.

176. Rzany B, A. B., Monheit G, （2010）. "Treatment of glabellar lines with botulinum toxin type A （Speywood Unit）: a clinical overview." J Eur Acad Dermatol Venereol 24 （Suppl 1）: 1-14.

177. Rzany B, D.-M. D., Grablowitz D, Heckmann M, Caird D; German-Austrian Retrospective Study Group. （2007）. "Repeated botulinum toxin A injections for the treatment of lines in the upper face: a retrospective study of 4103 treatments in 945 patients." Dermatol Surg. 33 （1 Spec No.）: S18-S25.

178. Rzany B, F. A., Fischer TC, （2013）. "Recommendations for the best possible use of botulinum neurotoxin type a （Speywood units） for aesthetic applications." J Drugs Dermatol. 12 （1）: 80-84.

179. Sampaio C, C. J., Ferreira JJ, （2004）. "Clinical comparability of marketed formulations of botulinum toxin." Mov. Disord 19 （Suppl. 19）: S129–S136.

180. Sampaio C, F. J., Simões F, Rosas MJ, Magalhães M, Correia A.P, Bastos-Lima A, Martins R, Castro-Caldas A, （1997）. "**DYSPORT**®: A single-blind, randomized parallel study to determine whether any differences can be detected in the efficacy and tolerability of two formulations of botulinum toxin type A—**DYSPORT**® and **BOTOX**®, assuming a ratio of 4:1." Mov. Disord 12: 1013–1018.

181. Schlessinger J, D. J., Joseph J, et al.; **DYSPORT**® Study Group. （2014）. "Long-term safety of abobotulinumtoxinA for the treatment of glabellar lines: results from a 36-month, multicenter, open-label extension study." Dermatol Surg 40 （2）: 176-183.

182. Schlessinger J, G. E., Cohen J, Kaufman J. （2017）. "New uses of AbobotulinumtoxinA in aesthetics." Aesthet Surg J 37 （Suppl 1）: 45-58.

183. Schlessinger J, M. G., Kane MA, Mendelsohn N, （2011）. "Time to onset of response of abobotulinumtoxina in the treatment of glabellar lines: a subset analysis of phase 3 clinical trials of a new botulinum toxin type A." Dermatol Surg 37 （10）: 1434-1442.

184. Sepehr A, C. N., Alexander AJ, Adamson PA, （2010）. "Botulinum toxin type a for facial rejuvenation: treatment evolution and patient satisfaction." Aesthetic Plast Surg 34 （5）: 583-586.

185. Sesardic D, L. T., Gaines-Das R, （2003）. "Role for standards in assays of botulinum toxins: International collaborative study of three preparations of botulinum type A toxin." Biologicals 31: 265–276.

186. Shin JH, J. C., Woo KI, Kim YD, （2009）. "Clinical comparability of **DYSPORT**® and **BOTOX**® in essential blepharospasm." J. Korean Ophthalmol. Soc 50: 331–335.

187. Stengel G, B. E. （2011）. "Antibody-induced secondary treatment failure in a patient treated with botulinum toxin type A for glabellar frown lines." Clin Interv Aging. 6: 281-284.

188. Stephan F, H. M., Tomb R, （2014）. "Clinical resistance to three types of botulinum toxin type A in aesthetic medicine." J Cosmet Dermatol 13 （4）: 346-348.

189. Stephan S, W. T. （2011）. "Botulinum toxin: clinical techniques, applications, and complications." Facial Plast Surg 27 （6）: 529-539.

190. Sunil SM, B. B., Deepthi S, Veerabhadrappa AC, Vadavadagi SV, Punde P, （2015）. "Botulinum toxin for the treatment of hyperfunctional lines of the forehead. ." J Int Soc Prev Community Dent 5 （4）: 276-282.

191. Tang-Liu DD, A. K., Dolly JO, （2003）. "Intramuscular injection of 125I-botulinum neurotoxin-complex versus 125I-botulinum-free neurotoxin: time course of tissue distribution." Toxicon 42 （5）: 461-469.

192. Taylor SC, C. V., Albright CD, Coleman J, Axford- Gatley RA, Lin X, （2012）. "AbobotulinumtoxinA for reduction of glabellar lines in patients with skin of color: post hoc analysis of pooled clinical trial data." Dermatol Surg. 38 （11）: 1804-1811.

193. The World Health Organization, W.-B. G. （1996）. "Programme on Mental Health, ."

194. Tidswell P, K. M. （2001）. "Comparison of Two Botulinum Toxin Type-A Preparations in the Treatment of Dystonias." World Congress of Neurology.

195. Torres S, H. M., Sanches E, Starovatova P, Gubanova E, Reshetnikova T, （2014）. "Neutralizing antibodies to botulinum neurotoxin type A in aesthetic medicine: five case reports." Clin Cosmet Investig Dermatol. 7: 11-17.

196. Torres S, H. M., Sanches E, Starovatova P, Gubanova E, Reshetnikova T, （2014）. "Neutralizing antibodies to botulinum neurotoxin type A in aesthetic medicine: five case reports." Clin Cosmet Investig Dermatol. 7: 11-17.

197. Tremaine AM, M. J. （2010）. "Botulinum toxin type A for the management of glabellar rhytids." Clin Cosmet Investig Dermatol. 3: 15-23.

198. US Food and Drug Administration （2016）. "FDA requires boxed warning for all botulinum toxin products."

199. Van den Bergh PYK, L. D. （1998）. "Dose standardization of botulinum toxin." Adv. Neurol 78: 231–235.

200. Wagman J, B. J. （1953）. "Botulinum type A toxin: Properties of toxic dissociation product." Arch. Biochem. Biophys 46: 375–383.

201. Wang L, S. Y., Yang W, Lindo P, Singh BR, （2014）. "Type A botulinum neurotoxin complex proteins differentially modulate host response of neuronal cells." Toxicon 82: 52-60.

202. Wei J, X. H., Dong J, Li Q, Dai C, （2015）. "Prolonging the duration of masseter muscle reduction by adjusting the masticatory movements after the treatment of masseter muscle hypertrophy with botulinum toxin type a injection." Dermatol Surg 41（Suppl 1）: S101-S109.

203. Whurr R, B. G., Barnes C, （1995）. "Comparison of dosage effects between the American and British botulinum toxin A product in the treatment of spasmodic dysphonia." Mov. Disord.

204. Wilson AM （2006）. "Use of botulinum toxin type A to prevent widening of facial scars." Plast Reconstr Surg 117（6）: 1758- 1766; discussion 1767.

205. Wohlfarth K, G. H., Frevert J, Dengler R, Bigalke H, （1997）. "Botulinum A toxins: Units versus units." Arch. Pharmacol 355: 335–340.

206. Wohlfarth K, M. C., Sassin I, （2007）. "Neurophysiological double-blind trial of a botulinum neurotoxin type a free of complexing proteins." Clin Neuropharmacol 30: 86-94.

207. Wohlfarth K, S. I., Wegner F, （2008）. "Biological activity of two botulinum toxin type A complexes （DYSPORT® and BOTOX®） in volunteers: a double-blind, randomized, dose-ranging study.." J Neurol 255: 1932-1939.

208. Wohlfarth K, S. I., Wegner F, Jürgens T, Gelbrich G, Wagner A, Bogdahn U, Schulte-Mattler W, （2008）. "Biological activity of two botulinum toxin type A complexes （DYSPORT® and BOTOX®） in volunteers: A double-blind, randomized, dose-ranging." study. J. Neurol 255: 1932–1939.

209. Wohlfarth K, S. I., Wegner F, Jürgens T, Gelbrich G, Wagner A, Bogdahn U, Schulte-Mattler W, （2008）. "Biological activity of two botulinum toxin type A complexes （DYSPORT® and BOTOX®） in volunteers: A double-blind, randomized, dose-ranging study." J. Neurol 255: 1932–1939.

210. Wohlfarth K, S. T., Ranoux D, Naver H, Caird D, （2009）. "Dose equivalence of two commercial preparations of botulinum neurotoxin type A: time for a reassessment? ." Curr Med Res Opin 25: 1573-1584.

211. Wortzman MS, P. A. （2009）. "The science and manufacturing behind botulinum neurotoxin type A-ABO in clinical use." Aesthet Surg J. 29（6 Suppl）: S34-S42.

212. Xiao Z, Z. F., Cui Z, （2009）. "Treatment of hypertrophic scars with intralesional botulinum toxin type A injections: a preliminary report." Aesthetic Plast Surg 33（3）: 409-412.

213. Xie Y, Z. J., Li H, Cheng C, Herrler T, Li Q, （2014）. "Classification of masseter hypertrophy for tailored botulinum toxin type A treatment." Plast Reconstr Surg 134（2）: 209e-218e.

214. Yamauchi PS （2010）. "Selection and preference for botulinum toxins in the management of photoaging and facial lines: patient and physician considerations." Patient Prefer Adherence. 4: 345-354.

215. Yoshida M, Y. N., Hangai M, Tanihara H, Honda Y, （1994）. "Interleukin-1 alpha, interleukin-1 beta, and tumor necrosis factor gene expression in endotoxin-induced uveitis." Invest Ophthalmol Vis Sci. 35: 1107–1113.

216. Yu KC, N. K., Bapna S, Boscardin WJ, Maas CS, （2012）. "Splitface double-blind study comparing the onset of action of onabotulinumtoxinA and abobotulinumtoxinA. ." Arch Facial Plast Surg 14（3）: 198-204.

217. Yun JY, K. J., Kim HT, Chung SJ, Kim JM, Cho JW, Lee JY, Lee HN, You S, Oh E, （2015）. "DYSPORT® and BOTOX® at a ratio of 2.5:1 units in cervical dystonia: A double-blind, randomized study." Mov. Disord 30: 206–213.

218. Ziade M, D. S., Batifol D, （2013）. "Use of botulinum toxin type A to improve treatment of facial wounds: a prospective randomised study." J Plast Reconstr Aesthet Surg 66（2）: 209-214.

219. Zoons E, D. M., Dijk JM, van Schaik IN, Tijssen MA, （2012）. "Botulinum toxin as treatment for focal dystonia: A systematic review of the pharmaco-therapeutic and pharmaco-economic value." J. Neurol 259: 2519–2526.

220. 維基百科.

面部表情肌

面部表情的展現需要多個肌肉群（額群、眼群、鼻群、口群、耳群）互相配合，各群內也有**互相拮抗**（antagonistic）、**互相協同**（synergetic）作用。

互相作用的結果，才能展現出變化無窮的面部表情。所以我們針對肌肉進行除皺，也需要考慮相互的作用，需要詳細理解各肌肉的相互性，才能達到**除皺**，又不會讓表情變得僵硬不自然，反而弄巧成拙。

常見面部表情與肌肉作用（郭海星 / 郭海燕）

常見表情	面部肌	嘴	眼
快樂	放鬆	嘴唇大開	雙眼迷濛
喜悅	放鬆	嘴角向上	眼色明亮
堅定	收縮	嘴唇緊閉	目光炯炯
驚訝	收縮	嘴唇大開	眉目攘張
悲哀	放鬆	嘴角微開	眉目低垂
憤怒	收縮	嘴角向下	怒目圓睜

一、面部表情肌的解剖結構

面部表情是一種可完成精細資訊溝通的肢體語言。

人的面部大約有**42塊肌肉**，可產生豐富生動的表情，準確傳達各種不同的心情和感覺。

對於**微整美容醫學醫生**來說，準確掌握這些肌肉的起止點、作用及支配情況對臨床上有重要意義。

肌肉隱藏在皮膚、軟組織之下，亦可藉由表情的產生，做為顏面注射的定位（landmark）。

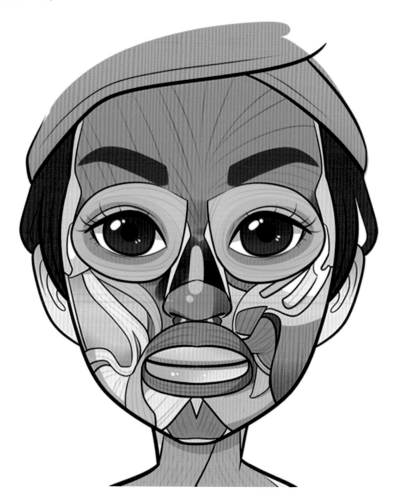

面部表情肌的特點

顏面表情肌屬於皮肌（skin muscle），有以下特色：

起點：表層筋膜、骨骼。

止點：真皮層（dermis of skin）與表皮層的交界處。

（不覆蓋深筋膜（頰肌例外），肌纖維固著於皮膚，當其收縮時，直接引起皮膚的運動）。

功能：皮肌因為終止點附著於真皮層，所以可以使皮膚塌陷、繃緊、產生紋路，造成我們的顏面表情。

它不是用於移動關節產生運動，所以只要記得它跟什麼表情有關即可。

表情肌的分群

（一）按表情肌的位置，可分為下列五群：

1. 顱頂肌

（枕肌、額肌）

2. 外耳肌

（耳上肌、耳前肌）

3. 眼周圍肌

（眼輪匝肌、皺眉肌、降眉間肌）

4. 鼻周圍肌

（鼻孔壓縮肌、鼻孔開大肌、降鼻中隔肌）

5. 口周圍肌

（口輪匝肌、提上唇鼻翼肌、提上唇肌、顴大肌、顴小肌、笑肌、降口角肌，提口角肌、降下唇肌，頦肌、頰肌、嚼肌、頸闊肌）

（二）也可以按肌肉深淺分類：

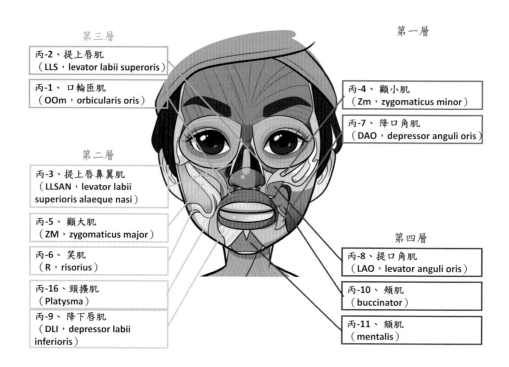

第三層

丙-2、提上唇肌
（LLS，levator labii superoris）

丙-1、口輪匝肌
（OOm，orbicularis oris）

第一層

丙-4、顴小肌
（Zm，zygomaticus minor）

丙-7、降口角肌
（DAO，depressor anguli oris）

第二層

丙-3、提上唇鼻翼肌
（LLSAN，levator labii superioris alaeque nasi）

丙-5、顴大肌
（ZM，zygomaticus major）

丙-6、笑肌
（R，risorius）

丙-16、頸擴肌
（Platysma）

丙-9、降下唇肌
（DLI，depressor labii inferioris）

第四層

丙-8、提口角肌
（LAO，levator anguli oris）

丙-10、頰肌
（buccinator）

丙-11、頦肌
（mentalis）

由肌肉深淺，可區分為四層。

與微整形有關的面部表情肌依照下述依序討論：

  （一）額肌

  （二）眼周圍肌

  （三）鼻周圍肌

  （四）口周圍肌

  （五）退化群的肌肉

（一）額頭肌

1.額肌（Frontalis）

occipitofrontalis muscle（枕額肌）＝epicranius muscle（額枕肌）

位於額頭上的肌肉，從眼睛以上，越過整個頭頂直到枕部。

在動物較明顯，人類的這塊肌肉的中間，已經退化成腱膜，所以不太會動。

當抬眉時會造成額頭的皺紋。

這些肌肉經常需注射肉毒桿菌素，在眉上造成凍結的表情，進而改善顯老的抬頭紋（ Forehead Wrinkle ）。

額肌基本上有兩個肌肉塊，是可以區分的（有界限）。但是**常見**的是一塊無法區分的額肌。

形態與位置

起自額上、中部的帽狀腱膜，纖維由上而下垂直走行，止於眼眶部表淺的眼輪匝肌和皮下脂肪層之間。

→大部分纖維止於眉區皮膚和皮下，**少部分纖維止於眼輪匝肌。**

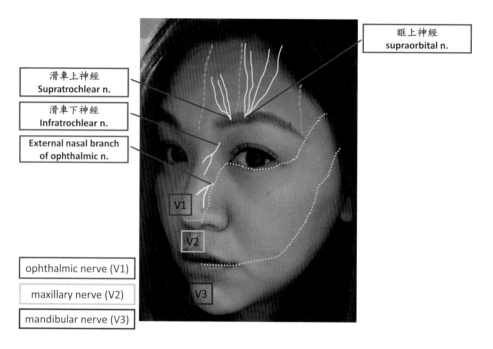

主要功能

收縮時，額部皮膚上出現皺紋，同時眉部皮膚上移而使眉毛上舉，瞼裂亦同時開大。

提上瞼肌發育不全或功能減弱的患者，會借助額肌的這一作用來開大瞼裂。

肉毒素相關治療注射

1. 額紋的治療。

2. 髮際線的調節。

（1）【專題】抬頭紋（Horizontal Forehead Lines）

抬頭紋（worry lines），為常見的明顯皺紋。有些人視為成熟的象徵、表情的多樣性，有些人則視為老化，要想辦法消滅它。

產生皺紋的原因，一為額肌收縮造成，一為皮下脂肪萎縮加重。

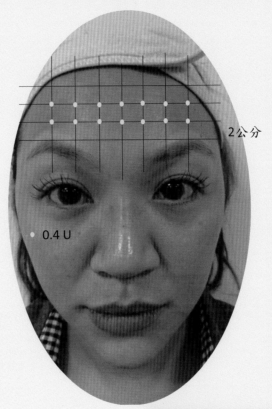

2公分

0.4 U

所以——
針對**天庭飽滿**的患者，可以注射肉毒（BoNT）改善，
針對**天庭凹陷**的患者，豐盈治療（Fillers）更顯重要。
剛打完，仍會有紋路，一周後，完全消失。

（2）原廠仿單資料

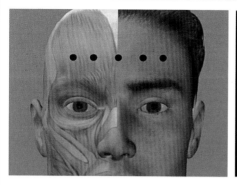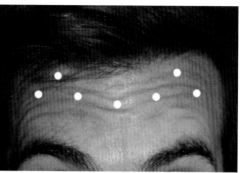

（Andrew Dorizas 2014）

Fig. 3. Injection points for forehead wrinkles

＊注射劑量：每邊8-16U 每邊約4-8處 每處2U

＊注射深度：（30G 1/2）Frontalis 額肌～淺（1/3）

＊注意事項：眉毛形狀改變或下垂眼皮浮腫

抬頭紋治療效果（仿單資料）

水平抬頭紋與額肌長期的動作有關。在注射後 2 星期，試驗主持人認為 84-95% 接受**BOTOX**® 治療的受試者具有反應，有 75-80% 的受試者感覺抬頭紋的情況獲得改善（額肌4處注射16或24 U）。高劑量的**BOTOX**® 效果也比較好而且比較持久。據受過訓練的觀察人員指出，注射**BOTOX**® 改善嚴重水平抬頭紋的情況可維持**高達 24 週**。

由於最佳的劑量與肌肉的注射部位、次數可能因受試者而異，應該訂定個別的劑量療程。每一個注射部位的建議注射量為 0.1 mL。

抬頭紋治療位置（仿單資料）

BOTOX® 應該透過肌肉內注射方式，注射於額肌的四個部位。一般而 言，沿著一條較深的抬頭紋任一邊，每隔 1-2 公分為一個部位，分別注射 2-6 U，總共注射8-24 U。注射部位應**距離眉毛上方至少 2-3 公分**，以降低眉毛下垂的風險。

抬頭紋治療副作用（仿單資料）

在一項臨床試驗中，有水平抬頭紋（額肌注射8 U 至24 U）的 59 名受試者接受**BOTOX**® 注射，其中通報的治療相關不良反應事件包括：頭痛（22.0%）、注射部位瘀血（10.2%）、眉毛下垂（10.2%）、眼瞼腫大（20.3%），額頭疼痛 / 癢（5.1%）、噁心（3.4%）、感覺緊繃（1.7%）、類似流感的症狀 / 感冒（1.7%）、其他（6.8%）；注射部位搔癢和臉部疼痛也都常見。所有不良反應都屬於**輕微或中度反應**，並沒有嚴重不良反應的通報案例。

（二）眼周圍肌

肌肉名稱	作用
orbicularis oculi （眼輪匝肌）	閉眼 分為palpebral part（眼瞼部）和orbital part（眼眶部），眼瞼部在雙眼皮整形手術上很重要。 （張眼：提上眼瞼肌levator palpebrae superioris）
Corrugator （皺眉肌）	皺眉 位於眼眶內側面 （生氣難過時會皺眉，開心時眼睛瞇起來也會用到）
Procerus （降眉間肌）	

主要功能

與保護眼睛免受強光的刺激，同時與面部表情有關。

收縮時，皺眉肌的橫頭牽拉眉毛向內側下方移動，使內側上方皮膚呈現向內下的斜形隆起，加大眉的傾斜度，產生皺眉表情，使眉間鼻根上方的額部皮膚產生縱形皺紋，即「眉間紋」，俗稱川字紋，同時也會形成一些斜紋。

額肌

皺眉肌

降眉間肌

眼輪匝肌

222

1.眼輪匝肌（Orbicularis oculi）

眼周有一個圓而薄平的肌肉，包圍著眼睛和眼眶。此肌肉有非凡的表達能力，它可以採取部分行動，或同時行動，展現出眼角的微笑。
年輕人自然的微笑，和口輪匝肌的下半部分，同時表現出眼睛笑的感覺。

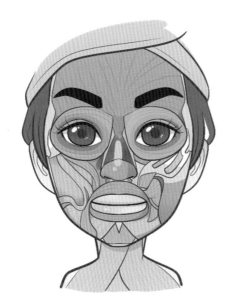

形態與位置

位於皮下，為薄層、橫橢圓形，圍繞眼瞼裂向心分佈的肌肉纖維，覆蓋在眼瞼和眶周區域，是具有大量皮膚附著的大括約肌，它很緊密的和很薄的瞼部皮膚相連，解剖上很難與上部的皮膚分離。

可分為**眶部輪匝肌、眶隔前輪匝肌、瞼板前輪匝肌**三部分。

（1）**眶部輪匝肌**（orbital）
深部始於眼瞼內側眶緣，淺部始於內眥韌帶。一部分向上延伸至眉弓，與額肌和皺眉肌交錯。在內側，肌肉從眶上切跡弧形延伸跨過鼻側，向下到達眶下孔，繼續沿眶下緣走行，外側延伸至顬肌。

223

（2）眶隔前輪匝肌（preseptal）

淺頭起於內眥韌帶前緣，深頭起於淚囊隔膜，兩者之間是一層向上與眉弓脂肪墊相連續的纖維脂肪層。

（3）瞼板前輪匝肌（pretarsal）

淺頭起於內眥韌帶前支和脊，在瞼板前環形向外側走向，止於瞼外側縫；深頭起於脊上部2/3，內側附著處在上下眼瞼瞼板上。

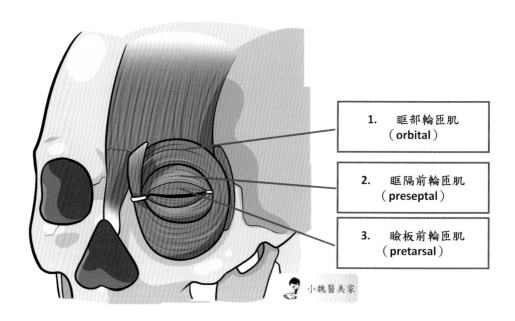

1.	眶部輪匝肌（orbital）
2.	眶隔前輪匝肌（preseptal）
3.	瞼板前輪匝肌（pretarsal）

小魏醫美家

肉毒素相關注射

眼周紋的治療

眶下區域（眼下細紋）**不能注射太深**（可沿皮下bolus注射），否則可能影響顴大肌、顴小肌、提上唇肌導致口角嚴重下垂。

（1）【專題】魚尾紋（Crow's Feet）

→在正常情況下，當大笑時，眼輪匝肌收縮造成**魚尾紋**、**法令紋**明顯、上
　唇內縮。

→當年紀越大時，在放鬆情況下，亦會形成為笑臉，以抵抗下垂表情。

其實這時已是會快速惡化的時期。

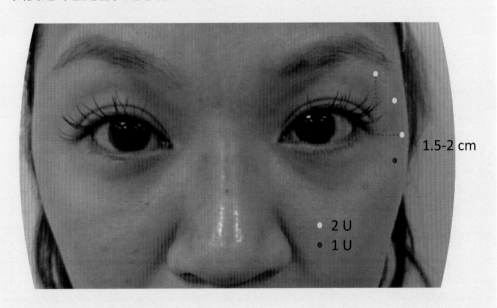

1.5-2 cm

2 U

1 U

（2）原廠仿單資料

魚尾紋（仿單資料）

魚尾紋是指靠近太陽穴的眼角所生出的傾斜皺紋，明顯、深陷、呈輻射狀，是眼輪匝肌側邊纖維收縮直接導致的結果。在有對照組的臨床試驗中，注射**BOTOX**® 至眼窩外側可立即見效（**BOTOX**® 在注射7天後進行的第1個評估時出現明顯的效果），改善該部位的嚴重皺紋問題持續**17週**之久。

魚尾紋治療位置（仿單資料）

BOTOX® 應該在眼輪匝肌水平方向的兩邊各三處進行注射（即共注射　處），選擇微笑最燦　時出現最多皺紋的部位。一般　來，建議每一個部位注射2-6 U的劑量，注射深度為2-3公釐，每邊總劑量為6-18 U。注射處至少應該**距離眼眶1公分處**，不可位於外眼球軸垂直線中間，而且不能靠近顴骨下方。

魚尾紋研究資料（仿單資料）

有兩項多中心、雙盲、安慰劑對照的同時進行試驗（246名受試者接受**BOTOX**® 治療（每邊施打6 U至18 U）以及80名受試者接受安慰劑治療），針對**BOTOX**® 用於治療魚尾紋進行安全性評估。大部分通報的不良反應事件都屬於**輕微至中度嚴重事件**，而且都很短暫。最常通報與治療相關的不良反應就是注射部位出血，如：注射部位瘀血（每邊注射6 U至18 U的**BOTOX**® 占 8.1%，而安慰劑組占 10.0%）以及頭痛（每邊注射6 U至 18 U的**BOTOX**® 占 3.7%，而安慰劑組占 2.5%）。接受**BOTOX**® 治療的受試者有 1.6%（每邊注射 6 U至 18 U）通報類似流感的症狀，而接受安慰劑治療的受試者則無通報案例。常見症狀有眼瞼下垂和臉部疼痛，偶見肌肉無力症狀。其他接受**BOTOX**® 治療的受試者所通報的治療相關**不良反應事件發生率都低於 1%**。其他試驗也曾通報注射部位瘀血的不良反應，大約出現於 4-25% 接受**BOTOX**® 治療的受試者，類似的比例也出現於安慰劑組。其他與**BOTOX**® 治療相關的不良反應事件包括下眼瞼水平部位的短暫下垂（5%），屬於**BOTOX**® 正常的藥理作用而且可能與注射技巧相關。上市後使用經驗 **BOTOX**®注射治療魚尾紋有報告指出兔眼症狀。

魚尾紋注射位置

BOTOX® target injections for crows feet

注射劑量：每邊6-18U 每邊約3處 每處2-6U

注射深度：（30G 1/2） Lateral orbicularis oculi 外側眼輪匝肌～淺（1/3）

注意事項：內側皺紋增加

眼袋

2.皺眉肌（Corrugator）

乙-4、降眉間肌
Depressor supercilli

乙-3、降眉間肌
procerus

乙-2、皺眉肌
Corrugator

皺眉肌，起源眶上脊內側邊緣的鼻子、眉毛組織。

它使我們能夠表達我們在悲傷或憤怒時的情感。

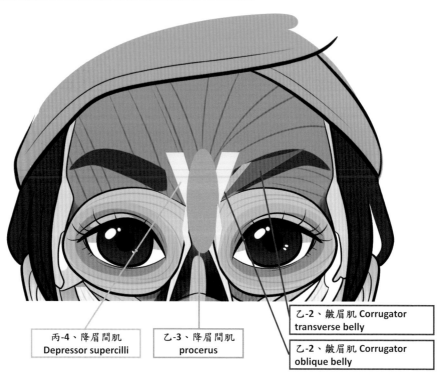

丙-4、降眉間肌
Depressor supercilli

乙-3、降眉間肌
procerus

乙-2、皺眉肌 Corrugator
transverse belly

乙-2、皺眉肌 Corrugator
oblique belly

3.降眉間肌（procerus）

降眉間肌是起源於我們眉毛之間的皮膚中，插入鼻樑的小肌肉。

當人們表達憤怒、憂鬱的表情時，它導致了垂直雙眼間的皺紋。幾個肌肉同時作用，包含降眉間肌、眼輪匝肌、鼻、上唇肌。

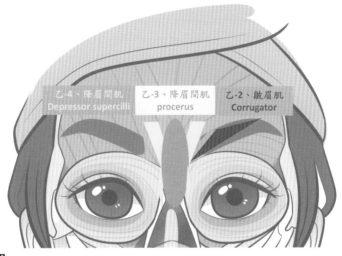

乙-4、降眉間肌 Depressor supercilli　　乙-3、降眉間肌 procerus　　乙-2、皺眉肌 Corrugator

形態與位置

位於皺眉肌始段的內側，額骨的鼻部瞼內側韌帶上約25mm，平行於眶緣，止於內側眉皮下及其相鄰周圍眉間部皮膚。

支配神經

面神經顳支

主要功能

收縮時牽引眉間部皮膚向下，可加強皺眉肌形成表情。收縮時鼻根部會產生橫向皺紋。

肉毒素相關注射

鼻背橫紋的治療，**眉間紋的輔助治療**（瞼內側韌帶的垂直線上10～15mm皮下或稍深）。

4.降眉肌（Depressor supercilli）

形態與位置

位於鼻根部，與額肌內側部纖維連續，起自鼻背下部的筋膜和鼻外側軟骨的上部，肌纖維進入前額下部兩眉間，上行止於眉間部皮膚。

支配神經

面神經顳支

主要功能

收縮時使側鼻軟骨向上，鼻長度縮短，向下牽拉眉內側角皮膚向下，產生鼻根部的橫向皺紋。

肉毒素相關注射

鼻背橫紋的治療

（1）原廠仿單資料

A.皺眉紋（BOTOX®）

BOTOX® 注射於皺眉肌及／或鼻眉肌時**BOTOX®** 減弱下方肌肉過度活化的收縮，減輕皺眉紋的嚴重程度，因而改善面貌外觀；有對照組的臨床試驗研究中，作用效果的開始快速，許多人效果至少可**維持 4 個月**。

皺眉紋治療位置（仿單資料）

每條肌肉最理想的劑量以及注射部位數目將因病人而異必須製作個別的給藥劑量計劃，每個注射部位建議注射容積為0.1 mL。**BOTOX®** 須以 0.9% 無菌不含保存劑之食鹽水調製（100 U/2.5mL），使用３０號針頭注射；5個注射部位個別投與 0.1 mL（4U），每個皺眉肌兩個注射部位，鼻眉肌一個注射部位，總劑量 20 U。為了減少眼瞼下垂併發症應避免注射接近提上瞼肌，特別是帶有大型降眉肌複合症的病人，更應避免靠近提上瞼肌注射；皺眉肌中間注射位置至少須**高於骨性眶上脊1公分**。注射後1或2日通常即可見皺眉紋的嚴重程度已改善，治療後的第一週內改善情況增加，效果可長達4個月。

皺眉紋研究資料（仿單資料）

兩次多中心、雙盲式、有安慰劑做對照組的平行式研究中，評估**BOTOX®** 用於治療皺眉紋的安全性（Ｎ＝535；405人屬於**BOTOX®** 治療組，130人屬於安慰劑組），大部分不良反應的嚴重程度為輕度至中度且全部皆屬暫時性，最常報告治療引發的副作用有頭痛（**BOTOX®** 組9.4%，安慰劑組12.3%）和眼瞼下垂（**BOTOX®** 組 3.2%，安慰劑組0%），眼瞼下垂符合**BOTOX®** 的藥理作用且可能與注射技巧有關。發生率 1-3% 之不良反應以發生率遞減順序列舉：注射部位疼痛／灼燒感／刺痛感（2.5%）、面部疼痛（2.2%）、紅斑（1.7%）、局部肌肉虛弱（1.7%）、注射部位水腫（1.5%）、瘀青（1.0%）、皮膚緊繃（1.0%）、皮膚感覺異常（1.0%）及嘔心（1.0%）。上市後使用經驗**BOTOX**® 注射治療皺眉紋有報告指出兔眼症狀。

B.皺眉紋（DYSPORT®）

＊中度至重度皺眉紋

劑量學（仿單資料）

成人與老人：請先卸妝並用局部抗菌劑清潔皮膚，請使用29-30號無菌針頭，以正確的角度執行肌肉內注射。建議劑量為將**DYSPORT**® 50 單位（0.25ml）分於5個注射部位（每部位約 10 單位）。肌肉內注射將 10 單位（0.05ml）分別注射於 5 部位：每個皺眉肌2個注射部位（間隔5mm）、1個注射部位於靠近鼻額角之眉間肌。

皺眉肌的最內點位於距離此點（眉間肌上，眼眶上緣向8mm）外之 8mm 處。

可要求患者習慣性地 皺眉，有助於定位這些注射點。為了避免眼瞼下垂併發症，必須避免注射接近上提眼瞼肌。外側皺眉肌注射位置應**高於上眼眶骨脊至少1公分**。

圖一：C：皺眉肌 / P：眉間肌 投藥間隔必須超過12週。

兒童：不建議18歲以下之患者使用**DYSPORT**® 治療。

投藥方式**DYSPORT**® 用於治療皺眉紋時，應於**DYSPORT**® 300U 藥瓶加入 1.5 毫升生理食鹽水（0.9%），調配成每毫升含 200 單位 A 型肉毒桿菌素的溶液。

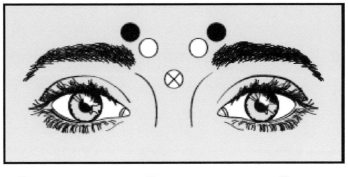

○ = C1   ● = C2   ⊗ = P

治療後

a. 局部肌肉可保持平滑、不會形成皺紋，但未受治療的肌肉仍可正常收縮，因此不會影響正常臉部表情。

b. 注射後的第二至三天，除皺效果就會出現，並且效果可維持4-6個月左右，除皺效果維持時間視個人體質而異。

c. 打針後只有局部注射部位出現輕微的腫脹或疼痛，或因個人體質關係較易瘀青，但一兩天後就會消。

d. 注射**DYSPORT**® 麗舒妥肉毒桿菌素本身並不會留下永久性的後遺症，非常安全，唯必須注意的就是配合減少兩頰咬肌運動的頻率與強度，極少部分的人因為局部打針而有小部分血腫情形，1至2星期則會消退。

e. 沒有繼續治療，數個月後，你的皺紋只會漸漸回復到尚未治療前的狀況，絕不會變得更糟。

C.皺眉紋（XEOMIN®）

XEOMIN® 的總建議劑量為每個療程20單位，平均分成5個肌肉注射劑量，每劑4單位。這五個注射位置為：每條皺眉肌（corrugator muscle）注射兩劑，鼻眉肌（procerus muscle）注射一劑。重複使用**XEOMIN®** 治療的頻率不可高於每3個月一次。

為減少發生眼瞼下垂併發症，注射時應遵行下列指示：

a. 避免注射在靠近提上眼瞼肌的位置，尤其是降眉肌複合體較大的患者。

b. 皺眉肌的注射位置應距離瘦骨性眼眶上脊（bony supraorbital ridge）至少1公分。

臨床試驗

EXTENSIVELY TESTED廣泛的測試（仿單資料）

XEOMIN® 是臨床證明，暫時改善中度至重度眉間紋（glabellar lines）相關聯的外觀和（或）降眉間肌肌肉活動成人患者。使用標準結合的醫師和病人報告的回應的基礎，兩個隨機、雙盲、多中心臨床trials看30天安慰劑顯著卓越功效。

研究入選547名（≥18 歲）有至少中等嚴重程度在最大皺眉頭的眉間紋，健康的患者。666六名患者20 Units of **XEOMIN®** 和181例患者採用安慰劑。如果他們有標記上瞼下垂、深部真皮疤痕，或不能減輕眉間紋，甚至是由物理上分開，科目被排除了。**XEOMIN®** 治療科目從24到74歲的平均年齡為46歲。病人被列為應答者，只有他們有2級改進相比4點規模。

新型肉毒桿菌**XEOMIN®** 於2011年7月20日獲得了美國食品及藥物管理局（Food and Drug Administration，FDA），用於袪除重度皺紋或眉毛間「11 s」。

XEOMIN® 之所以獲得批准，是因為在美國進行的兩項關鍵臨床試驗產生的相關業績，此試驗涉及16個調查點並包括547名健康成人患者。在這兩項試驗中，在首次注射**XEOMIN®** 30天後，該產品較安慰劑顯著降低了眉間細紋程度。**XEOMIN®** 可在一周內見效，其**治療效果持續3至6個月**，在起效和持續時間方面堪比**BOTOX®**。

XEOMIN® 不可與其它肉毒桿菌產品交叉使用。

XEOMIN® 首度開始發揮療效的中位時間為注射後7天之內。每次治療的療效持續時間通常可長達3個月；不過，個別病患的療效持續時間可能會明顯較長或較短。

兩項設計完全相同、隨機、雙盲、多中心、安慰劑對照臨床試驗（研究GL-1與GL-2），曾評估 **XEOMIN®**用於暫時性改善中至重度皺眉紋的效果。兩項研究共收錄了547位用力皺眉時之皺眉 紋至少達中度嚴重程度的健康患者（≥18歲）。其中有366位受試者接受20單位的**XEOMIN®**治療，另外181位受試者則是接受安慰劑治療。有明顯眼瞼下垂現象、深層皮膚疤痕、或是即使用外 力推展也無法減少皺眉紋的患者都被排除於研究之外。受試者的平均年齡為46歲。大部分的 患者皆為女性（研究GL-1與GL-2中分別占86%與93%），且主要為白人（分別占89%及65%）。受試 者分別接受20個單位之**XEOMIN®**或等量的安慰劑治療。總劑量均分成5份分別注射於5個特定部 位，即每個特定部位（參見圖1）接受4個單位的肌肉注射。每位受試者的追蹤時間為120天。 試驗主持人與受試者於治療後第30天以4分量表（0=無皺紋，1=輕度，2=中度，3=重度）評估用 力皺眉時的療效。複合性指標「治療成功」的定義為第30天以4分量表評估，試驗主持人與受 試者都較基礎期改善2個等級。在這兩項研究中，**XEOMIN®**組於第30天時達到「治療成功」的 受試者比率都高於安慰劑組（參見表3）。各個回診時間達到「治療成功」的受試者比率如圖2 所示。

表3：第30天時的治療成功(用力皺眉時較基礎期改善至少2個等級)效果

	GL-I		GL-2	
	XEOMIN (N=184)	安慰劑 (N=92)	XEOMIN (N=182)	安慰劑 (N=89)
治療成功*	111 (60%)	0 (0%)	87 (48%)	0 (0%)
試驗主持人評估	141 (77%)	0 (0%)	129 (71%)	0 (0%)
受試者評估	120 (65%)	0 (0%)	101 (55%)	1 (1%)

＊試驗主持人與受試者的評估都達到治療成功

圖2：各個回診時間達到「治療成功」的受試者比率-OC分析群體(GL-I與GL-2)

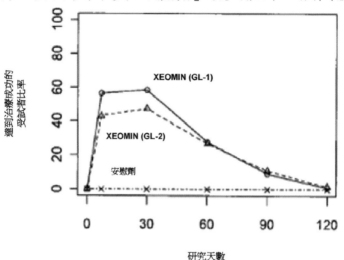

在三項總共涵蓋803位皺眉紋患者的安慰劑對照試驗中，有535位受試者接受單劑20單位之**XEOMIN**® 的治療，有268位受試者接受安慰劑的治療。接受**XEOMIN**® 治療之患者的年齡為24至74歲，且多數為女性（88%）。在接受**XEOMIN**® 治療的受試者中，最為常見的不良反應為：頭痛29例（5.4%）、顏面麻痺4例（0.7%）、注射部位血腫3例（0.6%）、以及眼瞼水腫2例（0.4%）。有兩位接受安慰劑治療的受試者共發生了4次嚴重不良事件。有6位接受**XEOMIN**® 治療的受試者共發生了6次嚴重不良事件。所有的嚴重不良事件在評估之後都被認定為與研究藥物無關。

根據開放性多重劑量試驗的報告，在800位受試者中有105位發生不良反應（13.1%）。頭痛是最為常見的不良反應，有57位受試者（7.1%）發生此不良反應，其次是有8位受試者（1.0%）發生的注射部位血腫。有不到1%之受試者通報的不良反應包括：顏面麻痺（眉毛下垂）、肌肉失調（眉毛上揚）、注射部位疼痛、以及眼瞼水腫。

表2：安慰劑對照試驗中的不良反應

不良反應	XEOMIN (N=535) (%)	安慰劑 (N=268) (%)
神經系統疾患	33 (6.1)	6 (2.2)
頭痛	29 (5.4)	6 (2.2)
顏面麻痺(眉毛下垂)	4 (0.7)	0
全身性疾患與投藥部位症狀	5 (0.9)	2 (0.7)
注射部位血腫	3 (0.6)	0
注射部位疼痛	1 (0.2)	0
顏面疼痛	1 (0.2)	0
注射部位腫脹	0	1 (0.4)
壓迫感	0	1 (0.4)
眼睛疾患	5 (0.9)	0
眼瞼水腫	2 (0.4)	0
眼瞼痙攣	1(0.2)	0
眼睛不適	1(0.2)	0
眼瞼下垂	1(0.2)	0

泡製後的**XEOMIN**® 僅供肌肉注射使用。**XEOMIN**® 在泡製之後僅可用於一個注射療程，且僅可供一位患者使用。

如果要注射的位置有用筆做上記號，不可將本產品直接注射在記號上，否則可能會形成**永久性的紋身痕跡**。

在施打**XEOMIN**® 之前，醫師應先瞭解患者的解剖構造，以及任何的解剖學變化，亦即先前之手術所造成的解剖學變化。

治療皺眉紋時應使用適當的無菌針頭來投藥，亦即30-33號（直徑0.3-0.2毫米）、長13毫米的針頭。

（2）【專題】皺眉紋（Glabellar Frown Lines）

治療皺眉紋時，須了解有那些肌肉的協同作用造成皺眉結果。

→眼睛周圍的肌肉→開眼/閉眼/眨眼，有agonist與antagonist

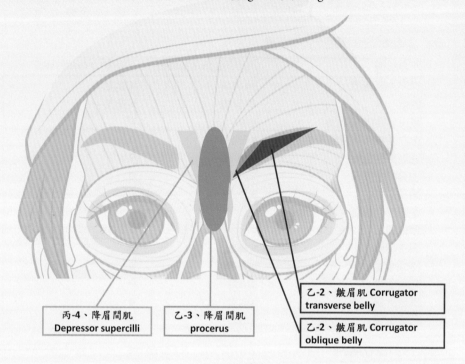

丙-4、降眉間肌
Depressor supercilli

乙-3、降眉間肌
procerus

乙-2、皺眉肌 Corrugator
transverse belly

乙-2、皺眉肌 Corrugator
oblique belly

		Glabellar line	經典注射
Corrugator supercilli（皺眉肌）	將眉頭向內下拉	垂直	外側：眼眶脊（orbital rim）上1公分 內側：眼眶環（orbital rim）內0.5~1公分
Procerus（眉間肌）	將額頭向內下拉	水平	一點
Depressor supercilli（降眉肌）	將眉頭向內下拉	橫向放射	

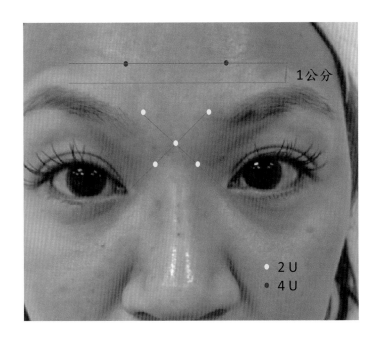

1公分

2 U
4 U

→皺眉治療為何是五點，而非三點即可？

Mauricio de Maio 認為，雖亞洲女性Corrugator較弱，但他認為眉頭上升較為attractive及展現smart eye。

→治療皺眉時，需判斷它的muscle pattern，會影響其duration（持久性）。

Kinetic（I express my emotion when I want） 治療可維持1～2年

Hypokinetic（I cannot control the movement） 治療可維持2～4年

Hypertonic（I cannot relax） 治療可維持3～4年

Hypotonic（at rest） 這種不易由肉毒緩解。

（3）【專題】眼週肉毒注射危險區（Periorbital BoNT Danger Zone）

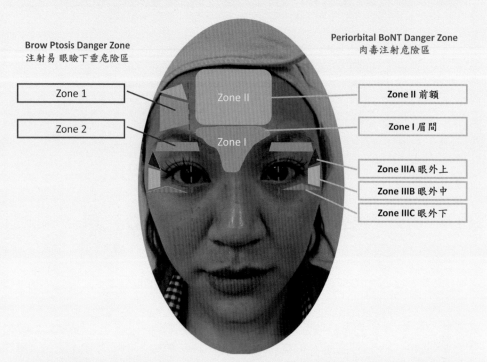

Brow Ptosis Danger Zone
注射易 眼瞼下垂危險區

Zone 1

Zone 2

Periorbital BoNT Danger Zone
肉毒注射危險區

Zone II 前額

Zone I 眉間

Zone IIIA 眼外上

Zone IIIB 眼外中

Zone IIIC 眼外下

	Zone I	Zone II	Zone IIIA	Zone IIIB	Zone IIIC
Area	Glabella	Forehead	Upper lateral periocular region	Middle lateral periocular region	Lower lateral periocular region
Muscles targeted	Corrugator and procerus	Frontalis	Upper lateral orbicularis oculi	Middle lateral orbicularis oculi	Lower lateral orbicularis oculi
Objective	Eliminate medial depressor rhytidosis	Attenuate forehead rhytidosis	Effect chemical browlift	Eliminate lateral rhytids, or crow's-feet	Eliminate lower-lid hypertrophic roll of orbicularis oculi and lower-lid rhytidosis
# units	15–20 units	15–20 units	5–7 units*	5–7 units*	5–7 units*
Volume	0.6–0.8 cc**	0.6–0.8 cc**	0.2–0.3 cc†	0.2–0.3 cc†	0.2–0.3 cc†
Technique	Fanning	Percutaneous	Percutaneous	Percutaneous	Percutaneous
Cautions	Eye opening and closing dysfunction, ptosis	Brow ptosis	Brow ptosis, eye opening and closing dysfunction, ptosis, ecchymosis‡	Eye opening and closing dysfunction, ptosis, ecchymosis‡	Ectropion, ecchymosis‡

Modified from Williams EF, Lam SM. Comprehensive Facial Rejuvenation: A Practical and Systematic Guide to Surgical Management of the Aging Face. Philadephia: Lippincott, Williams & Wilkins; 2004; with permission.
* 5–7 units per side.
†Volume calculated based on the double-dilutional method (0.2 cc = 5 units).
‡Direct digital pressure should be applied for a sustained 7 to 9 minutes using a 4 × 4 gauze pad immediately after injection to minimize ecchymosis.

（plastic-surgery-key 2016）

（4）【專題】施打肉毒後 眼皮下垂 詐騙（來自網路群組的討論）

請問各位大醫師：最近有沒有遇到，個人或是幕後集團指使的客戶來打肉毒，1～2天即發生嚴重左眼皮下垂，之後就想提告，而且都是由男友出面，很可能與醫師操作無關，但是就是要索賠的案例呢？

→打完一兩天就發生眼皮下垂也太快了吧？

　　不會喔……MG的藥口服的4-8小時就要吃一次。

→所以說如果說她有MG故意不說作治療或不吃藥，有可能就這樣了吧！

→沒吃藥的4-8小時，眼皮就垂了，自己打的吃藥可能沒效果？

→可能可以因此D/D，無論如何，她沒講自己MG，你就置於高風險之地。

→MG發生率約萬分之一，真要蒐集這些case來從事詐騙，有一定難度。

圖摘自NEJM 2016；375；e39

簡單診斷重症肌無力：冰敷試驗

冰敷下垂的眼瞼兩分鐘，ptosis改善 2mm 以上。

機轉：低溫抑制乙醯膽鹼酯酶，提高局部乙醯膽鹼濃度。

◎醫療糾紛及詐騙，需要醫師有智慧的破解。

（三）鼻周圍肌

鼻肌起源在鼻子，沿鼻子和鼻翼分布。

當我們皺鼻子時，我們使用這肌肉拉我們鼻孔向上，從而壓縮造成變形的皮膚，形成皺紋。同時，也收縮提上瞼肌、上唇肌肉、皺眉肌和降眉間肌……等等。

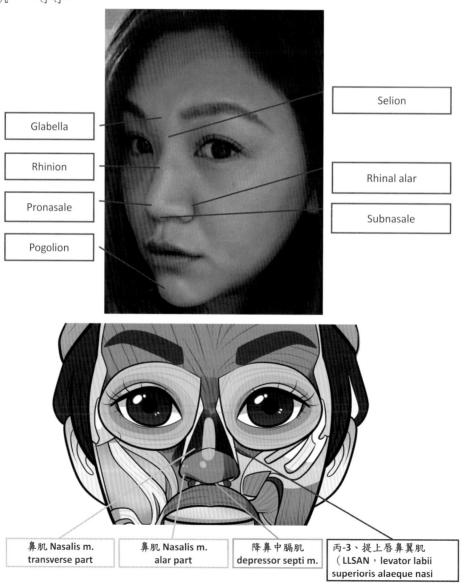

Glabella		Selion
Rhinion		Rhinal alar
Pronasale		Subnasale
Pogolion		

| 鼻肌 Nasalis m. transverse part | 鼻肌 Nasalis m. alar part | 降鼻中膈肌 depressor septi m. | 丙-3、提上唇鼻翼肌（LLSAN，levator labii superioris alaeque nasi |

鼻子周圍的肌肉：鼻子分為上方的骨部與下方的軟骨部，為拮抗肌組。

→鼻部上2/3的皮膚更薄並且更容易移動，而在下1/3則更厚、更固著。
　皮膚越薄，越容易老化，皺紋就會越多。

鼻部包括2塊主要的肌肉：鼻肌、降鼻中隔肌。

肌肉名稱	作用	經典注射
Nasalis （鼻肌）	縮小鼻孔 分為transverse part（橫部）和alar part（翼部）	鼻旁兩側注射
Procerus （鼻眉肌）	配合負面情緒時皺起皮膚 提眼鏡	
depressor sepi nasi （降鼻中膈肌）	將鼻下拉	可改善露齦笑時鼻尖的向下牽拉
levator labii superioris alaeque nase （提上唇鼻翼肌）	張大鼻孔 在鼻子兩側，但主要作用在嘴巴	不注射，會ptosis
dilator nasi （鼻孔擴張肌）	張大鼻孔	

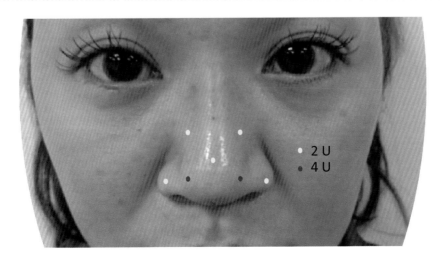

2 U
4 U

（四）口周圍肌

由於人類語言功能的極度複雜，口周圍肌在結構上高度分化，行成一群複雜的肌群，其中口輪匝肌是環形的，其餘肌肉皆呈放射狀排列。

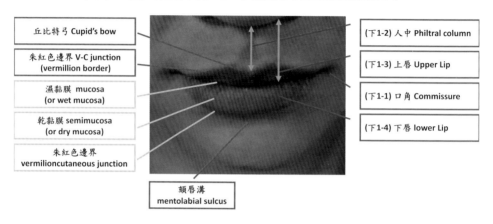

丘比特弓 Cupid's bow	（下1-2）人中 Philtral column
朱紅色邊界 V-C junction (vermillion border)	（下1-3）上唇 Upper Lip
濕黏膜 mucosa (or wet mucosa)	（下1-1）口角 Commissure
乾黏膜 semimucosa (or dry mucosa)	（下1-4）下唇 lower Lip
朱紅色邊界 vermilioncutaneous junction	

頦唇溝
mentolabial sulcus

為了便於對注射層次的掌握，可人為的將其劃分為**淺、中、深**三層，這三層肌實際是相互交錯、相互掩蓋的。

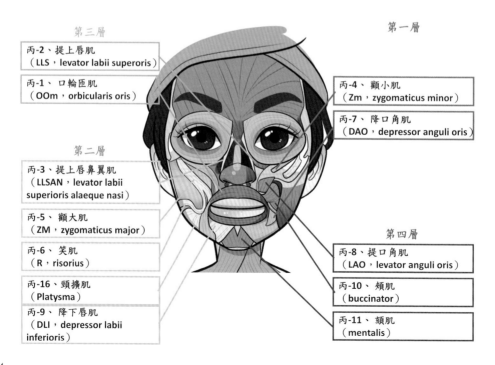

第三層

丙-2、提上唇肌
（LLS，levator labii superoris）

丙-1、口輪匝肌
（OOm，orbicularis oris）

第二層

丙-3、提上唇鼻翼肌
（LLSAN，levator labii superioris alaeque nasi）

丙-5、顴大肌
（ZM，zygomaticus major）

丙-6、笑肌
（R，risorius）

丙-16、頸擴肌
（Platysma）

丙-9、降下唇肌
（DLI，depressor labii inferioris）

第一層

丙-4、顴小肌
（Zm，zygomaticus minor）

丙-7、降口角肌
（DAO，depressor anguli oris）

第四層

丙-8、提口角肌
（LAO，levator anguli oris）

丙-10、頰肌
（buccinator）

丙-11、頦肌
（mentalis）

口周圍的肌肉

	肌肉名稱	作用	
Lateral Group	Buccinators （頰肌）	在最深層，構成頰壁，主要與咀嚼、吹奏樂器的動作有關	
	Risorius （笑肌）	在臉頰外側，會造成酒窩，不露齒微笑	
Luperior Group 附著在嘴角使 **嘴角上揚**	levator anguli oris （提口角肌）	使嘴角上揚，通常與正面情緒有關	
	zygomaticus major，minor （顴大肌、顴小肌）	附著在顴骨上，嘴角上揚露齒而笑	
	levator labii superioris （提上唇肌）	張開露齒而笑，發出笑聲	
Inferior Group 使 **嘴角朝下**， 通常與 **負面** 情緒有關	orbicularis oris （口輪匝肌）	嘟嘴	
	Mentalis （頦肌）	嘟嘴時口下方皺縮上提頦部皮膚，使下唇前送，並使下頦弧線形態改變	Dimpled Chin 下巴豐型
	depressor anguli oris （降口角肌）	深部纖維至口輪匝肌，與木偶紋（marionette）有關。	木偶紋只要在DAO後側打一針。在口角外一公分。盡量低而外。
	depressor labii inferioris （降下唇肌）	張嘴露齒，放聲大哭	

245

（1）口輪匝肌　　　（**OOm**，orbicularis oris）

（2）提上唇肌　　　（**LLS**，levator labii superoris）

（3）提上唇鼻翼肌　（**LLSAN**，levator labii superioris alaeque nasi）

（4）顴小肌　　　　（**Zm**，zygomaticus minor）

（5）顴大肌　　　　（**ZM**，zygomaticus major）

（6）笑肌　　　　　（**R**，risorius）

（7）降口角肌　　　（**DAO**，depressor anguli oris）

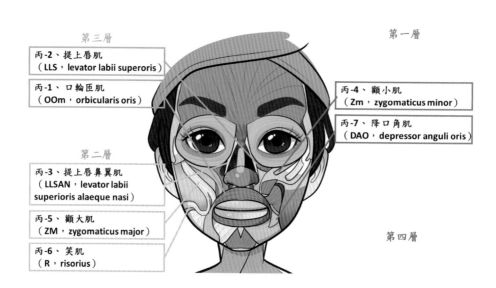

1.口輪匝肌（OOm，orbicularis oris）

口輪匝肌是圍繞著嘴唇的環行肌。肌肉可以採取部分或協同作用，創造大量的表情。此外，很多肌肉沿其邊緣，滿足進一步變化及其對表達的影響。

形態與位置

正常的口輪匝肌環繞口唇，可分為深淺兩層（Pessa JE 2012, Marur T 2014）：

深層：深層肌肉較薄，緊貼於口唇的黏膜，肌纖維環繞口周有括約肌。

淺層：淺層的肌肉較大，其纖維來自面部的表情肌，可分為上下兩部分：

上部肌纖維來自顴大肌、顴小肌、上唇提肌等；

下部肌纖維來自降口角肌或三角肌。

支配神經

面神經頰支(Marur T 2014)和下頜緣支。

主要功能

口輪匝肌收縮時可閉口，並使上下唇與牙緊貼，可做**努嘴**、**吹口哨**等動作；若與頰肌共同收縮，可做**吸吮**動作。一側面神經癱瘓時，該肌張力消失，口涎外溢，同時努嘴、吸吮、吹口哨等動作消失。

肉毒素相關注射

表淺注射治療上下唇紋（Braz AV 2011）。

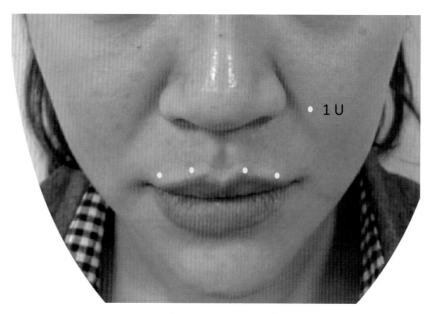

噘嘴（purse string lip）注射

2.提上唇肌（LLS，levator labii superoris）

這個肌肉起源在眼輪匝肌的下眶部。

它是寬闊平坦的肌肉和其內緣可以拉起鼻孔的外緣。當我們冷笑，我們是用這種肌肉。

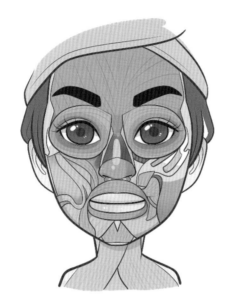

支配神經

面神經頰支

主要功能

能使上唇提升，它的收縮能形成中部的鼻唇溝（法令紋）。

肉毒素相關注射

臨床應用較少，僅在面部肌痙攣等情況下，面部不對稱時適用。

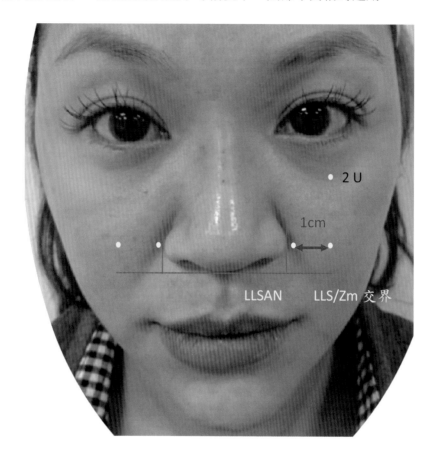

2 U

1cm

LLSAN　　LLS/Zm 交界

3.提上唇鼻翼肌（LLSAN，levator labii superioris alaeque nasi）

這種肌肉有比身體上的任何肌肉還長的名稱。

它是與鼻子併行的肌肉。它可以上提嘴唇和鼻翼。

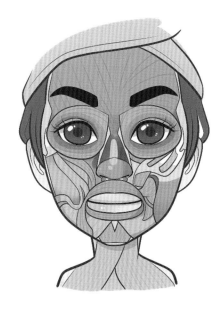

形態與位置

起自眶壁內側上頜骨鼻突，止於口輪匝肌中部和鼻翼處。

支配神經

面神經頰支。

主要功能

該肌收縮上提上唇，牽引鼻翼向上，使鼻孔開大，同時加深鼻唇溝。

肉毒素相關注射

能柔和鼻唇溝，對嚴重的露齦笑可有矯正，但若正常人注射，可導致微笑時門齒無法露出，微笑不自然。

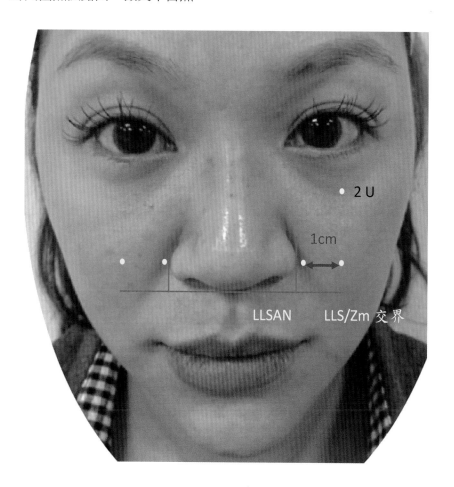

【專題】肉毒桿菌的「妙用」：露牙齦問題（張健淵醫師）

目前台灣常用的所謂的肉毒桿菌素就是指**BOTOX**®（Allergan Inc，Irvine，CA）和**DYSPORT**®（Ipsen Pharmaceuticals，France），其實很多人都不知道它的妙用真的是比想像中來得多。

甚至和很多醫護人員的朋友閒聊中發現，其實若沒有什麼接觸的人，其實對於它的「妙用」也並不是很了解。

最被大家熟知的就是皺紋的部分了，像是**抬頭紋、魚尾紋、眉間紋**。
另外就是所謂的**瘦小臉、國字臉**，把肉毒桿菌素打在咀嚼肌的位置。
再來就是也是很常被應用的**瘦小腿**，這個通常代價高昂，因為除了用量大，而且因為把肌肉放鬆了，所以其實走起路來也會怪怪的……

應用在**臉部拉提**則是稍微少一點人知道了，也就是利用表淺的打法來達到緊緻的效果。
肩膀太粗壯也可以用肉素桿菌素來縮小。

大家還有想到什麼呢？

有的人還有用在**嘴角拉提**，也就將嘴角打成微笑的形狀，所謂的菱角嘴，看起來會很可愛。
還有，有些女生不喜歡自己在**呼吸時鼻子會擴張**的現象，也可以打肉毒桿菌讓它不會一開一闔的……

沒了嗎？當然還有。

這次來介紹一個比較少人在應用的，

也就是也有少部分的人在意的**笑太開**的問題，

有部分的人平常嘴巴閉著，或是微笑時都很可愛。

可是一旦笑開來了，卻是露出一大段的牙齦，令人困擾。

想不到這也可以用肉毒桿菌來改善吧！

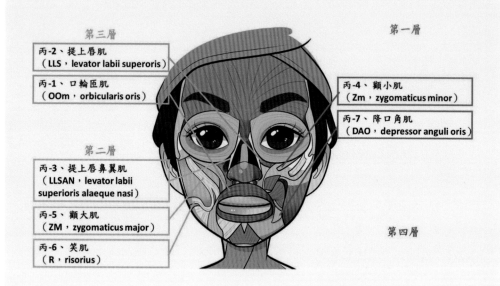

人有很多條表情肌，也就是在笑的時候，會把我們的嘴巴往各個方向拉。

如果拉得太多，就會露出太多牙齦，而這是很多美女所不希望發生的。

其實「笑」這件事，單單在嘴巴這個局域就包括了**嘴唇、牙齦、牙齒**，三

個部分，這三個部分的比例也會深深的影響到一個人的笑容是不是夠迷人

XD。

一般而言，笑起來牙齒和牙齦的交界線，和嘴唇的下緣最好在3mm以下，

如果客觀上超過3mm，也就會在感觀上有露太多牙齦的感覺。

這時候，

可以應用肉毒桿菌的放鬆肌肉的原理，把提高上唇的肌肉放鬆掉（levator labii superioris alaeque nasi，levator labii superioris，zygomaticus minor），就可以達到讓笑起來不要露太多牙齦的效果囉！

看看圖片就了解了：（左邊的是打之前的，右邊的是打之後的）

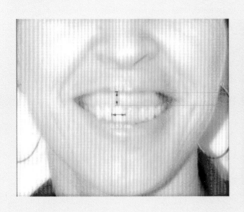 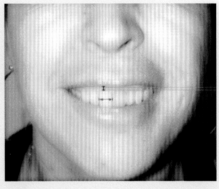

是不是有差啊……

同樣的原理，也可以應用在有的人笑起來，嘴會歪向某一邊的，一樣是利用放鬆表情肌來達到調整笑容的目的！！

4.顴小肌（Zm，zygomaticus minor）

顴肌上拉嘴角、橫向平移程度較輕。當我們微笑的時候，我們會使用這種肌肉。當他們微笑的時候，可以讓人形成蘋果臉頰。

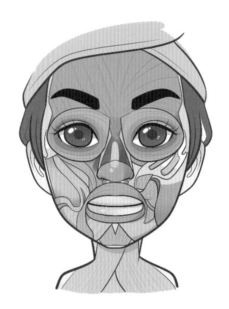

支配神經

面神經頰支及顴支。

主要功能

該肌功能相對較小，收縮時可向外上方牽拉口角，提起上唇以暴露上頜牙齒，還參與提起並加深鼻唇溝。

肉毒素相關注射

除矯正單側面癱外，很少用於美容注射。

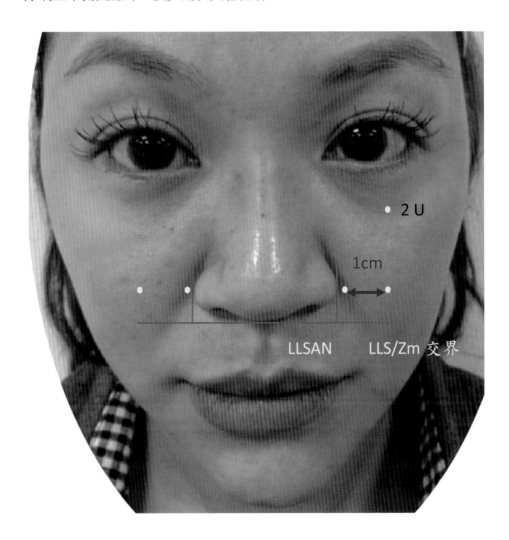

2 U

1cm

LLSAN   LLS/Zm 交界

5.顴大肌（ZM，zygomaticus major）

形態與位置

位於皮下，呈帶狀，起於顴骨，斜越咬肌、頰肌和麵動脈、面靜脈的淺
面，止於口角的皮膚和黏膜。約1/3的人有雙叉的顴大肌，其中一條肌束可
向真皮伸展，從而形成**酒窩**。

支配神經

面神經顴支。

主要功能

該肌收縮時可向外上方牽拉口角，使面部表現笑容。

肉毒素相關注射

較少應用。眼輪匝肌注射過深或劑量過大時，顴大肌可能受到影響，從而引起口角的嚴重下垂。

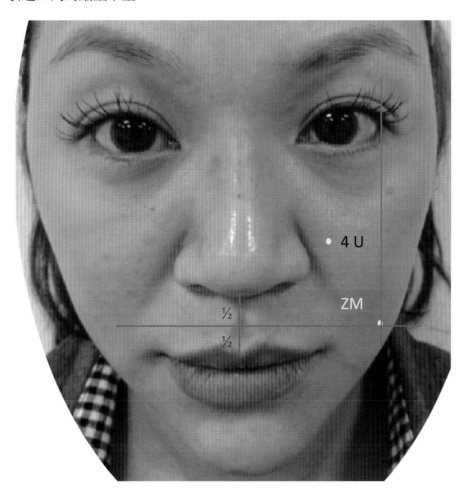

6.笑肌（R，risorius）

笑肌是薄的肌肉，牽拉嘴背和向外的嘴角。

它從咬肌延伸到外緣的口輪匝肌。它有助於微笑時擴大嘴巴。

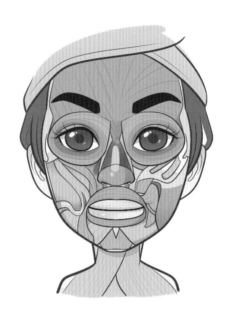

支配神經

面神經頰支。

主要功能

該肌收縮可牽拉口角向外側活動，呈微笑狀。

肉毒素相關注射

很少用於美容注射。

【專題】女孩打完兩針肉毒素致臉「哭笑不得」（張健淵醫師）

經典春晚小品《昨天今天明天》中，當趙本山調侃崔永元「笑起來比哭還難看」的時候，很多人都在電視機前笑了。

不過，本來笑起來很美的密小姐發現自己「笑比哭還難看」之後抓狂了。密小姐是在注射了兩針肉毒素之後發現不對勁的，而給密小姐注射的工作人員自稱是杭州香港菲美整形研修中心杭州辦事處（以下簡稱「菲美整形」）的。

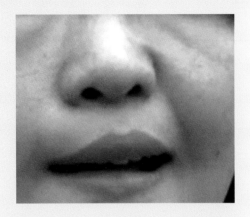

事後，密小姐向杭州衛生部門進行了反映。昨天，記者從杭州拱墅區衛生局衛生監督所了解到，他們已經接到舉報介入調查，初步認為「菲美整形」涉嫌非法開展醫療美容。

記者調查發現，這家所謂的「菲美整形」其實是躲在居民區的一個行醫點，而且工商、衛生都沒有相關登記資料。

其餘內容請詳見內文http://big5.xinhuanet.com/gate/big5/news.xinhuanet.com/health/2014-03/07/c_126236462.htm

一開始看到這新聞時，以為是針對口輪匝肌消除嘴邊皺紋的失誤，倒是情有可原，因為**嘴邊的肉毒桿菌注射本來就需要比較高的技巧**。
但是後來看到一些討論，才發現是「**肉毒桿菌瘦小臉**」的失誤，這就比較屬於較低程度的失誤了。

為什麼打肉毒桿菌素瘦小臉，會發生像新聞中的情況呢？

在台灣又怎麼很少聽過這種失誤？（答案很簡單，因為台灣規定都是要由醫師執行這個治療）

一般來說，我們所謂的肉毒桿菌瘦小臉，其實指的是將肉毒桿菌施打在**Masseter muscle**也就是咀嚼肌（咬肌），利用肉毒桿菌造成的肌肉萎縮而達到「瘦小臉」的目的。

但是坊間常常聽得到肉毒桿菌瘦臉，肉毒桿菌瘦小腿……等。

所以如果是非醫療人員可能會誤以為想要瘦哪裡就把肉毒桿菌往哪裡打。

像是小龍女陳○希，咀嚼肌是常施打的位置，

但是，很多人在看起來肉肉的位置，也想來「瘦」一下，

如果不懂肉毒桿菌原理的人，可能就這樣給它打下去了，

結果，大家可以再看一下前面那張臉部肌肉的圖片，

這一打，如果打得淺，可能就會打中了**risorius muscle**（笑肌），原本它的功能是：將嘴角往外側拉，形成酒窩，及不露齒微笑的表情，結果小臉瘦不成，卻變成肉毒桿菌消酒窩（中顴大肌），或是肉毒桿菌消微笑（中笑肌）。如果刺得更深，可能打中了buccinator muscle（頰肌），結果就是變成喝水會漏水，講話會歪嘴（中頰肌）。

所以，還是回到標題要說的，傻孩子，肉毒桿菌並不是想瘦哪裡就打哪裡，非醫療人員沒有醫學的底子，還是別隨便學一學就到處亂打啊！

7.降口角肌（DAO，depressor anguli oris）

當我們表達厭惡表情時，使用降口角肌。它拉扯嘴角向下和向外（Braz AV 2013）。

三角形的扁肌，故又名三角肌（口角降壓匝肌）

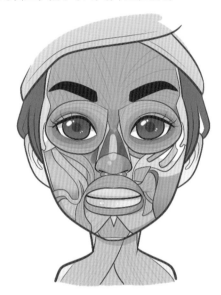

起源和插入

在它的起源，與頸闊肌融合，與笑肌一樣插入口輪匝肌。（Braz AV 2013, Choi YJ 2014）

形態與位置

肌纖維斜向上內方，遮蓋頦孔，逐漸集中於口角，部分肌纖維終於**口角皮膚**，部分肌纖維移行於**切牙肌**，部分肌纖維至上唇移行於**口輪匝肌**，與笑肌和提口角肌相延續。

支配

面神經的下頜緣支。（Pessa JE 2012）

主要功能

可引起口角皺紋（Marionette line），並下降口角及下唇，產生不滿及憤怒表情。

肉毒素相關注射

口周老齡化的治療，外側表淺注射，可抬高口角，減少口角紋。

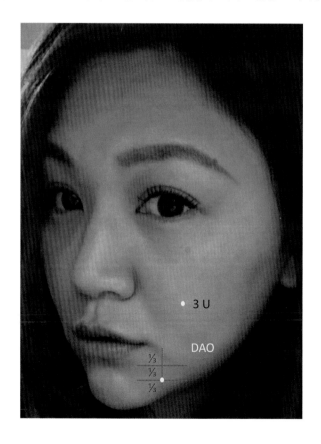

（8）提口角肌（LAO，levator anguli oris）

（9）降下唇肌（DLI，depressor labii inferioris）

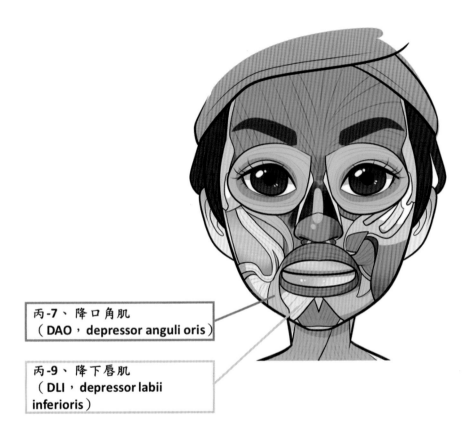

丙-7、 降口角肌
（DAO，depressor anguli oris）

丙-9、 降下唇肌
（DLI，depressor labii inferioris）

8.提口角肌（LAO，levator anguli oris）

支配神經

面神經頰支。

主要功能

提口角肌牽拉上提口角。

肉毒素相關注射

較少應用。

9.降下唇肌（DLI，depressor labii inferioris）

收縮降口角肌，像大怒時，可以帶來下唇向下和向外。它在悲傷中使用。

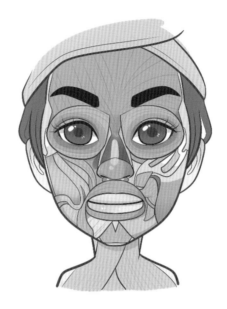

起源和插入

從頜骨向上插入下唇。（**Hussain G 2004**）

主要功能

下降口角及下唇，產生驚訝、憤怒的表情。

肉毒素相關注射

極少應用。不當的注射會使下唇高位歪曲，並導致攝食困難。

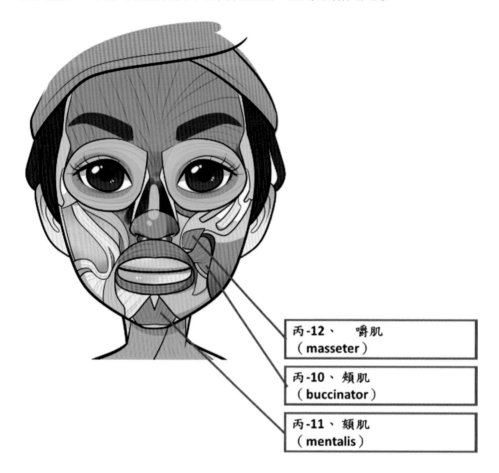

丙-12、 嚼肌
（masseter）

丙-10、 頰肌
（buccinator）

丙-11、 頦肌
（mentalis）

（10）頰肌（buccinator）

（11）頦肌（mentalis）

（12）嚼肌（masseter）

10.頰肌（buccinator）

頰肌是深層肌肉，起源於 上頜骨和下頜
骨的下方，咬肌磨牙的根區域。它插入
口輪匝肌其外側邊緣。
它使我們能夠表達嘴角後拉。吹小喇叭
時，會收縮這肌肉。

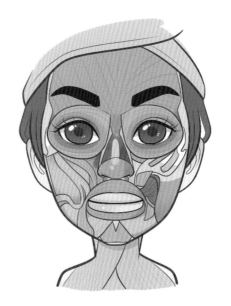

主要功能

在表情動作中可使口裂向兩側長大，例
如在大哭大笑時，將口角拉向兩側，單
側收縮，使口角拉向同側。

與口輪匝肌協同動作時，能作吸吮、吹
奏等動作，故又名吹奏肌。

咀嚼時與舌協作，使食物在上下列牙之間磨碎。

該肌癱瘓時，食物堆積於口腔前庭內。

肉毒素相關注射

極少應用。

11.頦肌（mentalis）

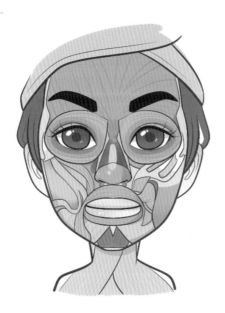

起源和插入

從下頜骨起源，涵蓋了頦部，並插入到下唇皮膚下面。（Hur MS 2013）

功能

它拉提造成下唇向外突出。同時，它會導致下巴皮膚起皺。產生一個「女巫下巴witch chin」的外觀。（Braz AV 2013）

支配

面神經下頜支（Mandibular branch of the facial nerve）。（Pessa JE 2012）

肉毒素相關注射

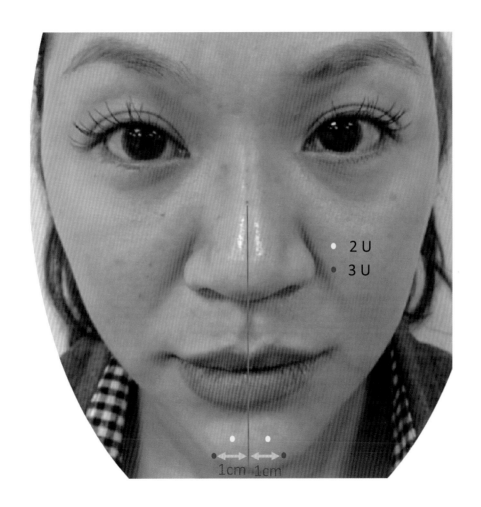

2 U

3 U

1cm 1cm

12.嚼肌（masseter）

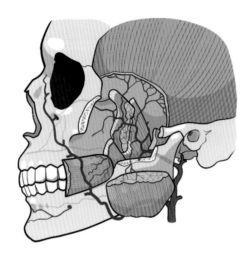

形態與位置

→淺層肌肉從顴突（zygomatic process）及顴弓（zygomatic arch）前2/3下緣
插入下頜枝（mandibular ramus）及下頜角（angle）。

→**深部肌肉**纖維起於顴弓後1/3及其內面，為**強厚的方形肌肉**，纖維行向下
後方，覆蓋于下頜支外面，止于下頜支外面及咬肌粗隆。

→嚼肌後緣被腮腺所覆蓋，前緣朝向頰肌。

→腮腺管（parotid gland's duct（Stensen duct））起源於腮腺前緣，穿過嚼
肌（masseter），在其前緣穿出過頰肌（buccinator），在第二上臼齒
（second superior molar）附近進到口腔。（Lee JY 2012, Marur T 2014）

→**用力咬牙時**，面頰兩側比較硬的部位就是咬肌。
所以，咬肌是影響面部中下二分之一外觀的重要因素。

肉毒素相關注射

可對咬肌肥大症狀進行
改善，明顯的縮小咬
肌，起到縮窄臉型（V
臉）的視覺效果。

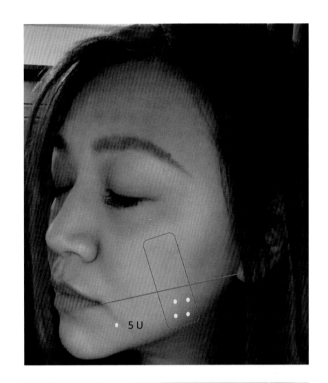

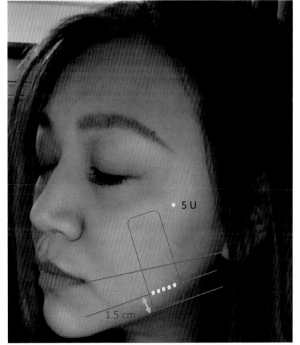

273

（五）退化群的肌肉

1.耳肌（aricularis）
人類已退化，動物耳朵可以動，而人類大多不太會動。

2.枕額肌（occipitofrontalis；額枕肌epicranius）
從眼睛以上，越過整個頭頂直到枕部，動物較明顯，人類該塊肌肉的中間已退化成腱膜，不太會動。

3.顳肌（temporalis）

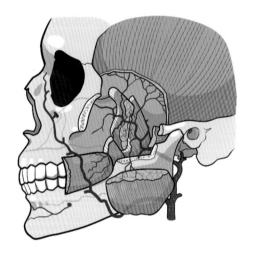

這種肌肉在顳顬區起源和放射狀插入下頜骨的上冠狀突。

我們使用這種肌肉來關閉我們的下顎。

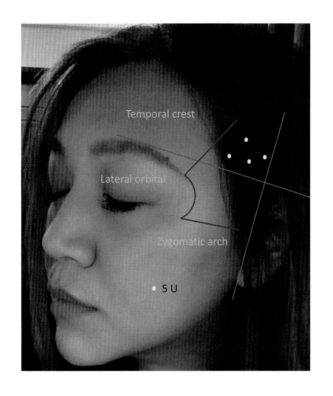

4.頸擴肌（Platysma）

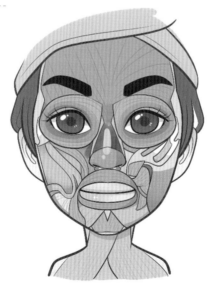

形成頸紋，platysma band。

二、肉毒注射推薦劑量

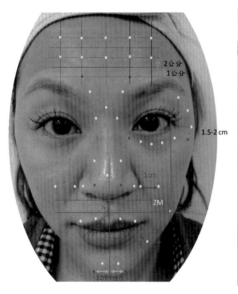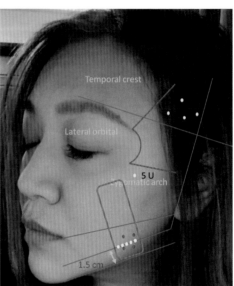

Total Doses of Abobot ulinumtoxinA for Treatment of the Upper and Lower Face

用於治療上、下臉的肉毒總劑量

	Indication	Total dose of abobotulinumtoxinA, U
皺眉紋	Glabellar lines	30-80
抬頭紋	Forehead rhytides	20-60
眼週紋	Periorbital rhytides	20-60
口週紋	Perioral lip lines	2.5-15
木偶紋	Marionette lines	4-25

Total Doses of AbobotulinumtoxinA for Treatment of Other Areas

用於治療其他區域的肉毒總劑量

	Indication	Total dose of abobotulinumtoxinA, U
鼻尖	Nasal tip	5-10
鼻背紋	Bunny lines	10-20
露牙齦	Gummy smile	5-15
不對稱笑	Asymmetric smile	Individually assessed
皺下巴	Dimpled chin	10-20
咬肌肥大	Masseter hypertrophy	30-90
頸紋	Platysmal bands	30-100

三、肉毒治療其他應用 / 適應症

不僅僅是美容用肉毒桿菌毒素，Bottoium A型毒素也具有治療應用：

（一）眼瞼痙攣（Blepharospasm）

（二）瘦小腿（Calf Reduction）

（三）慢性偏頭痛（Chronic Miqraine）

劑量

＊對於**眼瞼痙攣**，初始推薦劑量為1.25至2.5U（每個位置0.05mL至0.1mL的體積）

· 注射到上蓋（upper lid）的內側和外側前瞼眼輪匝肌（pre-tarsal orbicularis oculi）；

＊並進入下蓋（lower lid）的外側前瞼眼輪匝。

＊對於**小兒腦性麻痺**

· 對於**偏癱**患者，推薦使用4U／kg體重的總劑量給受影響的腓腸肌。

· 而在患有**雙癱**的患者中，推薦劑量為6U／kg體重分為兩腿。

· 一次給藥的最大劑量不得超過200U／單側。

＊對於**眉間皺紋**

· 使用20U，實際數量因客戶端的呈現而異。

效果

＊在瞼痙攣中，效果應在三天內出現，三週後出現峰值。對於兒科腦癱應用，期望在注射後四周內得到改善。 由於通常的個體化劑量，效果因眉間皺紋而異。

（一）眼瞼痙攣（Blepharospasm）

→對於眼瞼痙攣，使用無菌的27-30號針頭注射重建的肉毒，無需肌電圖引導。

→初始推薦劑量為1.25-2.5 U（每個位置0.05mL至0.1mL體積），注射到上蓋的內側和外側前瞼眼輪匝內，並進入下蓋的前瞼前輪廓眼。

＊一般來說，注射的初始效果在三天內可見，並在治療後一至兩周達到峰值。

＊每次治療持續約三個月，隨後可重複該程序。

＊在重複治療期間，如果初始治療的反應被認為不足，通常將其定義為持續時間不超過兩個月的效果，劑量可增加至多2倍。

＊然而，從每個站點注入超過5.0 U就可以獲得很少的收益。

→當藥物用於治療眼瞼痙攣時，如果治療比每三個月更頻繁地給予，並且很少有永久性的效果，可能會發現一些耐受性。

＊30天內肉毒治療的累積劑量不應超過200 U。

（二）瘦小腿（Calf Reduction）

《小腿密碼》

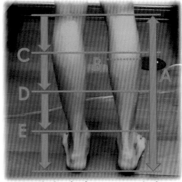

1. 身高（H）＿＿＿公分，
   體重　　　＿＿＿公斤
2. 小腿的長度超過身高的25%
   $$\frac{A}{H} = \frac{\quad}{\quad} = \underline{\quad} \%$$
3. 最大周長（B）是腿長（A）的75%
   $$\frac{B}{A} = \frac{\quad}{\quad} = \underline{\quad} \%$$
4. 中腿（D）的周長等於最大周長（B）的50%＋下腿（E）的50%。
   $$\frac{D}{B+E} = \frac{\quad}{\quad} = \underline{\quad} \%$$
5. 下腿（E）的寬度等於最大寬度（B）的50%（後面）和70%（側面）
   $$\frac{E}{B} = \frac{\quad}{\quad} = \underline{\quad} \%$$

小魏醫美家
@FantacyWei

小腿長度（A）	＿＿＿	公分
最大周長（B）	＿＿＿	公分
上腿周長（C）	＿＿＿	公分
中腿周長（D）	＿＿＿	公分
下腿周長（E）	＿＿＿	公分

內側直線 　（　）
外側弧形 　（　）

小腿的曲率取決於**肌肉發育**和**脂肪分佈**(Tsai CC 2000)。

瘦小腿使用了幾種技術，包括

1. 神經切斷術（neurotomies）
2. 神經鬆解術（neurolysis）
3. RF輔助瘦小腿（RF-assisted calf reductions）
4. 部分或全部GCM切除 （muscle resections）
   (Lemperle G 1998, Kim IG 2000, Lee JT 2006)
5. 肉毒桿菌毒素注射（botulinum toxin A injections）
   (Lee HJ 2004)
6. 抽脂術 (Watanabe K 1990)

神經

肌肉

然而，沒有一項技術被確立為優於其他技術。

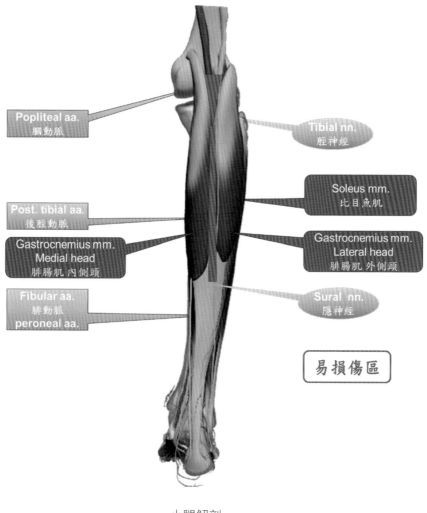

小腿解剖

→肌肉退縮術因為是手術，所以需要考慮恢復時間及切口部位的疤痕等問
　題。

　＊ 注射到小腿，麻痺部分小腿肌肉組織，誘發肌肉萎縮，將粗大的小腿
　　變纖細。顯示出柔和的曲線美。

　＊ 一般施術只需10分鐘，不會對日常生活有任何影響。

→需接受施術者

　＊小腿肌肉過分發達者

　＊對手術切口疤痕有心理負擔者

　＊小腿肌肉嚴重不對稱者

　＊希望術後痛症少，恢復快的愛美者

→小腿肌肉是否發達自測法：腳跟向上抬起只用腳尖站立，小腿後側肌肉明顯凸起，說明肌肉發達過度。

　＊使用肉毒素瘦腿是選擇性的麻痺過度發達肌肉，而不是使用去除肌肉組織。

　＊利用這種原理，將肌肉部分體積減小，達到塑造完美曲線的目的。

→怎樣才能讓肉毒素瘦小腿的持續時間更長呢？

　＊以4～6個月為間隔接受注射，效果才會更好！

　＊肉毒素效果一般維持6個月～1年左右，持續時間過後效果消失，肌肉重新伸縮，最好以4～6個月為間隔持續性的接受注射才可以保持效果。

　＊重複注射肉毒素可以更長時間的維持瘦腿效果，也自然的減少了注射的頻率。

　＊但是在太短的時間內頻繁注射，反而不好。

→肉毒素注射後，盡量避免小腿肌肉活動量大的運動。

　＊無論做哪種運動，只要運動量大肌肉就會發達，登山、上樓梯，等腿部運動量大的活動，肌肉重新變得發達是無法避免的。

（三）慢性偏頭痛（Chronic Migraine）

（Tepper 2010）

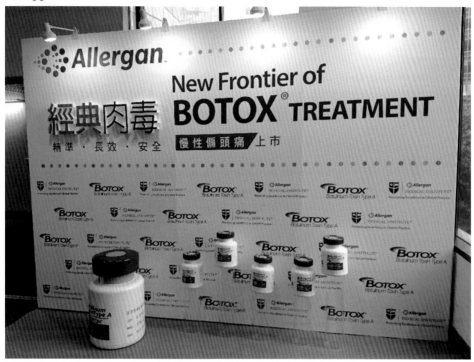

（小魏醫美家 20171105 TICC）

簡單定義頭痛：

一般頭痛

多在前額；

較輕微，是鈍痛；

偶發性，通常持續時間短；

多半不會有相伴症狀；

吃藥、休息、多喝水可以緩解。

偏頭痛

在側邊（可為單側或雙側，不一定只有單側）；

搏動性、強烈的抽痛；

可能持續很多天；

會伴隨頭暈和噁心；

常常復發；

可能會看到閃光或出現盲點（又叫做aura預兆，但**沒有aura**的多於**有aura**的）。

如果以下狀況出現2/3，幾乎90%就是偏頭痛了。

（1）**怕光**（可問發作時是否想找陰暗處休息）、**怕吵**。

（2）**需休息**或造成生活失能、無法工作。

（3）**噁心想吐**。

慢性偏頭痛的定義還挺嚴格的：

美國食品藥物管理局（FDA）將慢性偏頭痛（chronic migraine：CM）定義為連續三個月，每月**頭痛超過15天**，其中**超過八天為偏頭痛**，每次**頭痛超過四小時以上**的頭痛發作。

各種症狀如**疼痛、怕光、怕吵、噁心**等常隨著活動加劇，並且影響日常生活，但努力想維持正常日常活動與工作生產力，卻可能導致對藥物的依賴性。

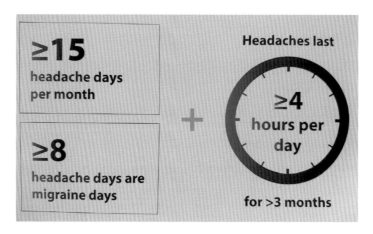

慢性偏頭痛約影響全美國百分之三的人口，算是十分常見。其實慢性偏頭痛的病人，還蠻多的，台灣大概1.7%，巴西最高5.1%。

慢性偏頭痛病程早期通常會以陣發性偏頭痛（episodic migraine）表現，初始時頭痛發作頻率每週少於兩天，之後頭痛發作逐漸頻繁（每月多於十五天），其中**每個月只要有八天的頭痛**是以偏頭痛表現即符合慢性偏頭痛的診斷。據估計，每年大約有百分之三的陣發性偏頭痛患者會進展成慢性偏頭痛。

促使陣發性偏頭痛進展成慢性偏頭痛的**危險因子**包含：
* 女性
* 頭頸部外傷史
* 較低的教育程度與社經地位
* 頻繁的使用頭痛急性治療藥物
* 每天飲用多於兩杯含咖啡因飲料
* 睡眠不足
* 焦慮
* 打鼾
* 憂鬱
* 甲狀腺疾病
* 肥胖

結合適當的運動與睡眠可以減少頭痛發作頻率、焦慮與憂鬱的程度。

＊壓力是一個常見的頭痛誘發因子，可能造成頭痛頻率以及強度增加。

→受過相關訓練的醫護人員可以指導您一些調適壓力、憂鬱和焦慮的生理回饋技巧（behavioral techniques），如進行放鬆訓練、認知行為治療、生理回饋治療、冥想等。

→預防性藥物也有助於減少慢性偏頭痛的疼痛程度和減低頭痛頻率。

> 在下偏頭痛這個診斷之前，要先用病史和PE排除其他疾病（SNOOP口訣）：
>
> ＊Systemic symptoms（fever, BW loss） or systemic disease（malignancy, AIDS）
>
> ＊Neurological s/s
>
> ＊Onset: abrupt
>
> ＊Older: >40 y/o （temporal arteritis; glaucoma）
>
> ＊Previous headache history（new or change）

例如如果是突然發生、一分鐘內到達極致的電擊式頭痛，可能是SAH（蜘蛛膜下出血），這種就要趕快去急診。

有一些藥物也會造成慢性偏頭痛，例如咖啡因、巴比妥類、鴉片類，甚至是治療急性偏頭痛的triptans（血清素致效劑）。若過於頻繁的使用急性頭痛藥物，可能導致藥物過度使用頭痛（Medication overuse headache）或者反彈性頭痛（rebound headache）。患者的頭痛頻率與藥物服用量常在不知不覺間增加。起初藥物可能有效，但會逐漸變得沒有效果，若進而加上更多藥物，最後可能必須大量使用多種不同的藥物來達到療效。

基本上偏頭痛急性發作時的藥有兩種：

一般的止痛

一般的scanol普拿疼

一些複方

NSAID

barbiturates

opioids

compounds with isometheptene

發作時要在1小時內吃止痛，不然到了中樞敏感期，吃藥就無法止痛了。

Migraine specific

triptans

ergots

頭痛的急性藥物如普拿疼、含咖啡因的普拿疼加強錠（Excedrin）、阿斯匹林、和其他非類固醇止痛及抗發炎藥物如Ibuprofen（Advil）（如博芬、伊普或布絡芬）、naproxen（Aleve）（奈普生或那不絡生）可能變得較無效果或必須更頻繁使用。偏頭痛也可能造成鼻竇的疼痛及流鼻水，因此患者可能也會加上治療鼻塞或流鼻水的藥物。

慢性偏頭痛（chronic migraine）是顯著影響生活品質的神經疾病，長期的頭痛、發作時間也長，預兆（aura）帶來的不適與痛苦，真的是讓人疼痛難耐。

慢性偏頭痛的**預防用藥**可以分成ABCD四大類。

* **A**ntiepileptics

* **B**-blockers

* **C**a channel blockers

* anti**D**epressants

除了A是會瘦的（讓你鈍，但也讓你瘦），其他的都會胖……。

副作用會來的比作用更早，最大的副作用是因為作用在中樞神經系統，所以**可能會想睡、頭昏**等等。

要治療急性發作，目前被認為最有效的藥品是「Triptan類藥品」，他是一種5-HT受體作用劑，作用在5-HT1B、1D受體。

我們這裡整理常用的三種速效型Triptan類藥品，口服起始作用時間約半小時，但如果是特殊劑型，例如鼻腔吸入、口溶崩散錠，效果會更快，以Sumatriptan鼻腔吸入來說，只要15分鐘。

→Triptan藥品的罩門在於「血管收縮」，因此，一般不建議使用於「血管不好的病人」，包括冠狀動脈血管疾病、腦血管疾病與周邊血管疾病。

→需特別注意的藥品交互作用是「麥角鹼類藥品」例如ergotamine，使用Triptan類藥品24小時內，不可以使用麥角鹼類藥品。

	Sumatriptan (Imigran)	Eletriptan (Relpax)	Rizatriptan (Rizatan)
分類	速效型	速效型	速效型
起始	口服30分鐘、鼻腔吸入15分鐘	口服0.5~1小時	口服0.5~1小時
效果	NNT6.1人(50mg)、4.7人(100mg)	NNT4.5人(40mg)	NNT3.1人(10mg)
半衰期	2小時	4~5小時	1~1.2小時

表格資料來源：Triptans for symptomatic treatment of migraine headache. BMJ 2014;348:g2285.

曾有已治癒之慢性偏頭痛病史的患者，因為復發的機率高，必須要注意定期追蹤。男性、頭痛頻率較高者、藥物過度使用的時間較長者，尤其是過度使用複方藥物者、睡眠不足者、以及患有其他疼痛疾病的患者有更高的機率復發慢性偏頭痛。

肉毒桿菌速注射

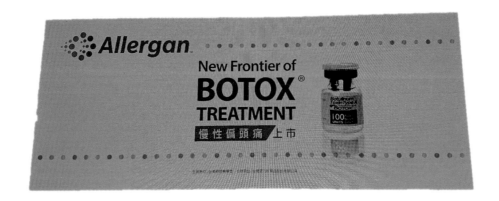

肉毒桿菌速注射液（OnabotulinumtoxinA, 商品名**BOTOX**®）是美國食品藥物管理局唯一核可的慢性偏頭痛用藥。

這個名為PREEMPT的研究，大概做了十年，療程包含155單位注射至頭頸部特定部位，並且以經由臨床試驗證實的療法（PREEMPT）每三個月注射一次。

PREEMPT trial 建立效力及安全性。

*PREEMPT = Phase 3 REsearch Evaluating Migraine Prophylaxis Therapy

---

肉毒桿菌注射液的效果會隨著時間漸減，因此通常需要多次注射。進行療程後，可以依照偏頭痛發生的頻率，評估可否停止注射或延長注射的間隔。經過一次治療，有50%明顯改善，兩次60%、三次70%。

作用機轉

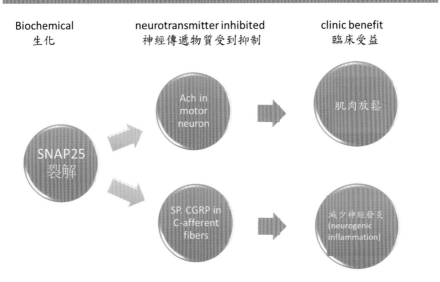

BOTOX 減少神經傳遞物質，造成的臨床效果

| Biochemical 生化 | neurotransmitter inhibited 神經傳遞物質受到抑制 | clinic benefit 臨床受益 |

SNAP25 裂解 → Ach in motor neuron → 肌肉放鬆

SNAP25 裂解 → SP. CGRP in C-afferent fibers → 減少神經發炎 (neurogenic inflammation)

頭部感覺神經分布

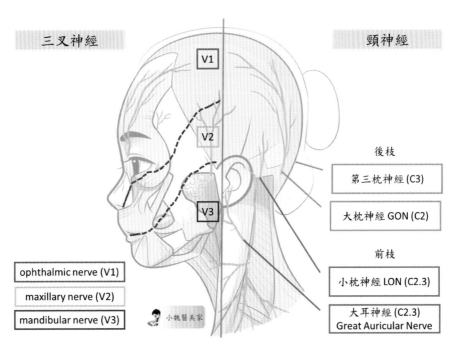

三叉神經　　　　　　　頸神經

V1

V2

V3

後枝

第三枕神經 (C3)

大枕神經 GON (C2)

前枝

小枕神經 LON (C2.3)

大耳神經 (C2.3) Great Auricular Nerve

ophthalmic nerve (V1)

maxillary nerve (V2)

mandibular nerve (V3)

小魏醫美家

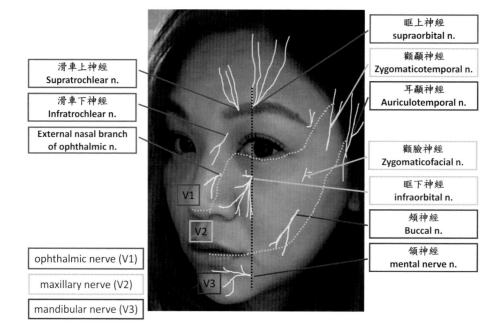

滑車上神經
Supratrochlear n.

滑車下神經
Infratrochlear n.

External nasal branch
of ophthalmic n.

眶上神經
supraorbital n.

顴顳神經
Zygomaticotemporal n.

耳顳神經
Auriculotemporal n.

顴臉神經
Zygomaticofacial n.

眶下神經
infraorbital n.

頰神經
Buccal n.

頦神經
mental nerve n.

V1

V2

V3

ophthalmic nerve (V1)

maxillary nerve (V2)

mandibular nerve (V3)

經證實的注射部位：31個部位，分為7個特定的頭頸部肌肉區域：

（1）**BOTOX**®治療

　　　除皺作用在motor N.

　　　CM作用在sensory N.

（2）PREEMPT trial 建立效力及安全性。

（3）打31處，共155U。

　　　Corrugator X2

　　　Procerus X1

　　　Frontalis X4

　　　Temporalis X8

　　　Occipital X6

　　　Cervical paraspinal X 4

　　　Trapezius X6

（4）經過一次治療，有50%明顯改善、兩次60%、三次70%。

（5）100U 用 2ml 稀釋，用1ml針30號針頭。 每0.1ml 5U。

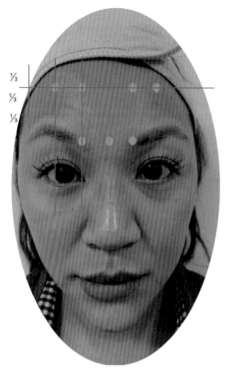
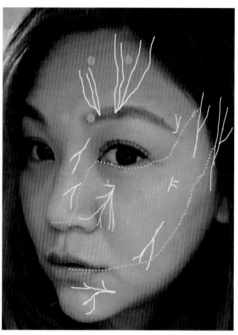

正面七點，每點5U

A. Procerus X1　　　針對滑車上神經

B. Corrugator X2　　針對眼眶上神經

C. Frontalis X4　　　針對滑車上神經、眼眶上神經

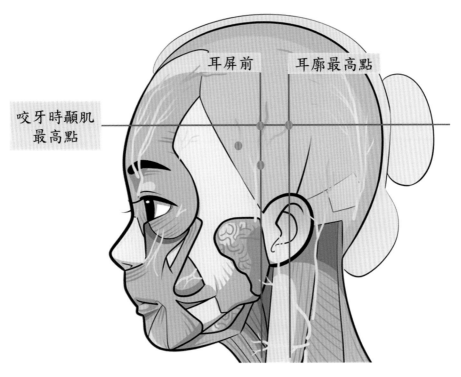

咬牙時顳肌 最高點

耳屏前　　耳廓最高點

側面8點，每點5U

D. Temporalis X8　　針對耳顳神經

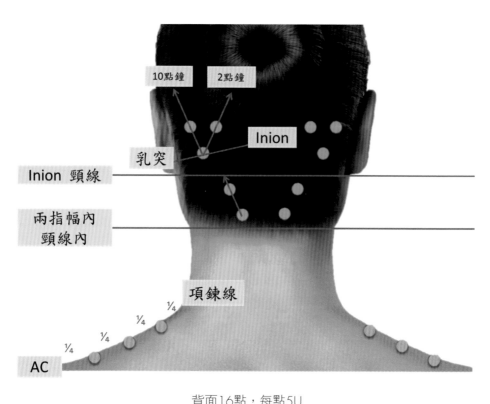

背面16點，每點5U

E. Occipital　X6	針對枕大、枕小神經
F. Cervical paraspinal　X4	針對第三枕神經
G. Trapezius　X6	針對肩胛上神經

經過驗證的時間表：每12周建議一次再治療。

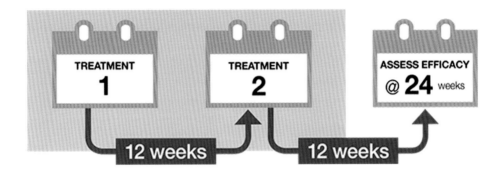

* 在PREEMPT試驗中，**BOTOX**® 患者接受至少2個處理，12個週間隔，來確定有效性。

  0～24週的主要終點

* 應根據臨床醫師的判斷決定進一步的治療

對於慢性偏頭痛而言，有效的治療目標在於讓頭痛的頻率減少到陣發性頭痛的標準。這並不代表治癒偏頭痛，而是將頭痛的頻率減少到一個月十四天以下，並在偏頭痛發作時使用有效的急性藥物治療。

慢性偏頭痛是可以治療的。病人以及照顧者必須要積極的控制此疾病對於生活造成的影響。如果上述的治療沒有奏效，請考慮全方位頭痛治療療程，結合認知行為治療、心理治療、藥物治療與物理治療以達到控制頭痛的目標。

參考資料（Referance）

1. Andrew Dorizas, N. K., Neil S Sadick, （2014）. "Aesthetic Uses of the Botulinum Toxin." Dermatologic clinics 32（1）: 23-36.

2. Braz AV, L. D., Mukamal LV, （2013）. "Combined treatment with botulinum toxin and hyaluronic acid to correct unsightly lateral-chin depression." An Bras Dermatol 88: 138-140.

3. Braz AV, M. L., Costa DLM, （2011）. "Manejo cosmético del tercio médio e inferior de la cara.": 31-50.

4. Carruthers A （2008）. "A validated brow positioning grading scale." Dermatol Surg. 34 （Suppl 2）: S150-154.

5. Carruthers A （2008）. "A validated grading scale for crow's feet." Dermatol Surg. 34（Suppl 2）: S173-178.

6. Carruthers A （2008）. "A validated grading scale for forehead lines." Dermatol Surg. 34 （Suppl 2）: S155-160.

7. Choi YJ, K. J., Gil YC, （2014）. "Anatomical considerations regarding the location and boundary of the depressor anguli oris muscle with reference to botulinum toxin injection." Plast Reconstr Surg 134: 917-921.

8. Hur MS, K. H., Choi BY, et al. （2013）. "Morphology of the mentalis muscle and its relationship with the orbicularis oris and incisivus labii inferioris muscles." J Craniofac Surg 24: 602-604.

9. Hussain G, M. R., Tomat LR, （2004）. " Depressor labii inferioris resection: an effective treatment for marginal mandibular nerve paralysis." Br J Plast Surg 57: 502-510.

10. Jeffrey H Spiegel （2005）. "Treatment of Periorbital Rhytids With Botulinum Toxin Type A Maximizing Safety and Results." Arch Facial Plast Surg 7（3）: 198-202.

11. Lee JY, K. J., Yoo JY, （2012）. "Topographic anatomy of the masseter muscle focusing on the tendinous digitation." Clin Anat 25: 889-892.

12. Marur T, T. Y., Demirci S, （2014）. "Facial anatomy." Clin Dermatol. 32: 14-23.

13. Pessa JE, R. R. （2012）. "The lips and chin." 251-291.

14. plastic-surgery-key （2016）. "Comments Off on Ancillary Procedures for the Asian Face." Posted by admin in General Surgery（Mar 12, 2016）.

15. Tepper, D. E. （2010）. "Chronic Migraine " american headache society.

16. 小魏醫美家（20171105 TICC）. "**BOTOX**® for chronic migraine meeting " TICC.

17. 張健淵醫師（http://ssagy.pixnet.net/blog）（2016），台中市 大容診所。

18. 郭海星 / 郭海燕《少年演講入門：熱愛演講的少年朋友，你們又有了一個新朋友——一本教你們如何演講……》，右灰文化傳播有限公司。

國家圖書館出版品預行編目資料

我的醫美保養筆記. 三, 除皺治療(肉毒桿菌) ／魏銘政,
楊年瑛作. --初版.--臺中市：蜜亞國際，2018.6
　　面；　公分
ISBN 978-986-96313-0-3（平裝）

1.美容手術 2.整形外科

425.7　　　　　　　　　　　　　107004107

我的醫美保養筆記（三）：除皺治療（肉毒桿菌）

作　　　者　魏銘政醫師、楊年瑛藥師
發 行 人　魏銘政
出版發行　蜜亞國際有限公司
　　　　　402台中市南區工學北路355號3樓之一
　　　　　電話：0928019991
設計編印　白象文化事業有限公司
　　　　　專案主編：徐錦淳　經紀人：張輝潭
經銷代理　白象文化事業有限公司
　　　　　402台中市南區美村路二段392號
　　　　　出版、購書專線：（04）2265-2939
　　　　　傳真：（04）2265-1171
印　　　刷　基盛印刷工場
初版一刷　2018年6月
定　　　價　550元